五年级上

U0293664

非洲民间故事

南京大学出版社／编

南京大学出版社

目录

谁的力气更大

在非洲这片大草原上，生活着许许多多的动物。在河流边，生活着一只河马。所有动物都知道他的力气很大，所以他们不敢轻易去河边喝水。的确，河马有宽大的嘴巴，粗壮的四肢，浑圆的躯干。河马为此洋洋自得，十分傲慢。乌龟把河马的狂妄自大看在眼里，决定教训他一顿。

一天，乌龟慢吞吞地爬到河马面前，抬起小小的脑袋，说："大个子河马，我们来打一个赌。"

河马听见有人在叫他，左右摆动脑袋找了半天，才在草叶之间看见说话的乌龟，他一如既往地不把个头很小的乌龟放在眼里，不过今天他实在太无聊了，于是哂笑着说："你想跟我打什么赌？"

乌龟保持着抬头的姿势，说道："你看你那么强壮，我这么弱小。光是你的脚掌就有我的龟壳那么大，背部宽阔得可以让我在上面翻滚，走动起来就好像发生了地震一样，但是我能够把你从河里拉上来。"

乌龟的话让河马嗤之以鼻，不过今天他很有兴致，想看看乌龟葫芦里卖的什么药，便说："我抬起脚就能把你的龟壳翻个底朝天，你竟然认为你可以把我从河里拉上来，实在是可笑。我看你是在做春秋大梦。你给我一个理由说服我。"

乌龟依然一副很有底气的样子："我就是能够办到！"

河马心里暗暗发笑，不知道这只小小的乌龟在打什么主意，他说，"好吧，我可以给你一个机会，但是我们都知道你是不自量力，我们就来比试比试，让你明白什么叫作绝望。"

乌龟说："我们来比试，但是不是今天，我们三天后进行比赛。"

河马一口答应了。

乌龟见河马上钩了，调转方向，爬到了大象身边。大象正用鼻子卷树上的嫩叶，准备享用这美食。乌龟抬起小小的脑袋，说："大象啊大象，你看你那么强壮，我这么弱小。光是你的脚掌就有我的龟壳那么大，背部宽阔得可以让我在上面翻滚，走动起来就好像发生了地震一样，但是我能够把你拉到

河里去。"

大象找了半天，才在落叶和树枝中间发现说话的乌龟，他笑了，说："小小乌龟，你在说什么天方夜谭，谁都知道我是陆地上最大的动物，力气大得更是可以轻轻挑翻你，你凭什么说能够把我拉到河里呢？"

乌龟说："不错，我的身体是很小，但是我准能把你拉进河里。我们可以来比试比试。"

大象每天吃饱喝足、无所事事，很无聊，于是就答应了乌龟荒诞的比试邀请。

于是，他们也约定在三天之后进行较量。

为了准备第三天的比试，乌龟找了一根十分结实的绳子，心里信心满满。

比试的日子到来了，草原上所有的动物都跑到河边，看乌龟和河马、大象的比赛。

乌龟爬到河里，把绳子的一头交给河马。河马张开巨大的嘴巴，发出吼声，向所有围观的动物展示他的强壮，然后轻轻松松地将绳子叼在了嘴里。

"咬住！"乌龟说，"等我拉一下绳子，代表比赛开始，那个时候我们再一起用力。"河马点了点头。

乌龟从水里爬到岸上，看神情好像是要跟河马拔河，可是他却爬到了大象跟前，把绳子的另一端交给了大象。他说："等我拉一下绳子，代表比赛开始，那个时候我们再一起用力。"大象用鼻子拽住绳子，点了点头。

这个时候，围观的动物们才发现，原来跟河马比力气的不是乌龟，而是大象。但是动物们因为河马总是阻拦他们喝水，因此都很不喜欢河马，想看乌龟杀一杀河马的威风，于是都没作声。

乌龟离开了大象，向河边爬去，摆出一副要跟大象拔河的姿态。实际上，他只不过爬到河边拉了一下绳子就躲到一个灌木丛中了。

大象和河马同时开始用力，双方都使出了全身的力气。河马拼命想把大象拉到水里，大象拼命想把河马从河里拉出来。双方的力气都很大，较量整整持续了一天。乌龟躲在灌木丛中，暗暗发笑。而河马和大象心里却越来越疑惑，他们都不能理解，为什么乌龟会有那么大的力气。

"乌龟怎么可能会有这么大的力气呢？"大象心想。

"小小的乌龟的力气为什么会跟我势均力敌？"河马心想。

河马越想越不对劲，想看看绳子的另一边究竟是什么情况："一定有什么动物在帮助乌龟，我要上去瞧一瞧。"

于是他游到河边，来到了岸上。

与此同时，大象也觉得不对劲，他也想一探究竟，于是走到了河边。

大象和河马很快就在河边的浅水处相遇了，不过这样一来，河马就来到了岸上，大象也来到了水里。

他们两人都输了。这时，他们才恍然大悟，原来是对方在代替乌龟拔河。

乌龟从灌木丛中走出来，放声大笑，笑这两个庞然大物输给了自己。

"哈哈哈！我胜利了！"乌龟高呼道，"个头小但是头脑聪明的动物是能够赢得你们这样体形庞大的动物的！"

兔子怎样把光明带给动物

兔子祖罗在洞里感到很寂寞。

"我得出去逛逛。"他想。

那时候，没有太阳和月亮，因此草原一天到头都是黑幽幽的，所以兔子祖罗在草原上走得很艰难。

祖罗是一只乐观的兔子，他拿出了拇指琴，边走边弹，他的琴演奏出来的音乐不但能赶走病人身上的邪气，还能给人带来愉快的心情。拇指琴的琴声吸引了森林里许许多多的动物，他们聚集在祖罗经过的地方，目不转睛地听着美妙的音乐。他们的眼睛在黑暗中是绿色的，祖罗看到了许多闪闪发光的绿眼睛。

祖罗没过多久就跑出去很远，他看到一张巨大的蜘蛛网从天际垂下，蜘蛛网的一边搭在陆地上，另一边却隐没在云中，看不真切。祖罗抬头仰望着蜘蛛网，说："我想知道天上是什么样子。好，我现在就上去瞧一瞧。"

于是，他便开始在蜘蛛网上攀爬，祖罗是一只敏捷的兔子。他在深蓝色的天空中爬呀爬，蜘蛛网悬在空中，越接近云层的地方晃动得越厉害。他爬呀爬，一直爬到草原躺在他的脚下；他继续往上爬，一直爬到白云落在他的脚边。他看见星星在他的脑袋旁边闪烁，他便向着闪烁的星星追去，追着追着，兔子祖罗的身边已是一片金光，他已经在一个神奇的国度里了。

祖罗好奇地东张西望。这里长满了茂盛的树木，翠绿的青草，还有很多散发着香味的花朵。空中飞舞着五彩缤纷的蝴蝶和鸟儿。这些统统笼罩在金光之中，而这金光是由上空的一个巨大光球照耀下来的。

"我从来没有见过这些，"祖罗自言自语道，"我要去找这个地方的国王，打探个究竟。"

于是，兔子祖罗又开始向前出发。

他没怎么费力就找到了那条通往国王宫殿的道路，因为有许多人正往那里走去。"我们可以带你去见国王，"他们说，"但是你得给我们弹首曲子。"祖罗于是掏出了拇指琴，边走边弹，不多会儿就走到了宫殿门口，看到了这里的国王。他向国王弯腰致敬，恭敬地提出了他的请求："您的国家是如此美丽，我从来没有见过如此鸟语花香的地方，请允许我住在这里虔诚地侍奉您。"

国王笑着说："你想住在我们的国家，但是你是谁，你能为我和我的国家做什么事吗？"

兔子祖罗掏出了拇指琴，说："我能弹奏音乐。"

于是，祖罗便开始边弹边唱：

> 我是快乐的兔子祖罗，
> 喜欢光明，讨厌黑暗。
> 我是勇敢的兔子祖罗，
> 喜欢蝴蝶和小鸟。
> 我是敏捷的兔子祖罗，
> 从很远的地方来。
> 我是会唱歌的兔子祖罗，
> 想要住在这里歌颂您的伟德……

兔子祖罗在歌中讲述了自己的遭遇，又描述了这个国度美丽的风景。他的歌声深深打动了国王，国王松口了："你是一个伟大的音乐家，在听到你的歌声之前，我从来不知道我的国家是这么的美好。我准许你和我的女儿马莱尼结婚，用歌声带给她欢乐，并且永远住在这里。"

祖罗说："谢谢您，陛下。我荣幸之至。"

这里很快就举行了一个盛大的结婚宴会，这里有数不尽的美食。年轻人们在祖罗的琴声里又唱又跳，宴会举行了很久。

祖罗很累了，回到自己的新房中准备睡觉。他的新婚妻子问他："亲爱的，我可以把太阳带进屋子里吗？"

"当然可以，请便吧。"祖罗回答道。

马莱尼从天空中取下太阳，把它顶在自己头上带进了屋里。刹那间，屋里的一切都闪耀着金光，祖罗的眼睛都被这金光刺痛了，他赶紧闭上眼睛。当他再次睁开眼睛的时候，屋里已经变得漆黑，原来马莱尼已经把太阳放进一个巨大的葫芦里了。随后，马莱尼问道："亲爱的，请允许我把月亮挂到天上，好吗？"

祖罗说："当然可以，请便吧。"

于是马莱尼打开了另一个巨大的葫芦，这时屋里的一切都闪耀着银白色的光辉，但是这次的光芒要温和得多。马莱尼从葫芦中拿出月亮，顶在头上带出屋去，然后将它悬挂在空中，也就是刚才太阳挂着的地方。就在这一瞬间，整个世界都镀上了一层柔和的银色光辉。

每天每夜都是如此，不过那两个叫月亮和太阳

的巨大光球，每个月都要在空葫芦里睡一觉。

祖罗在云层之上和他的新婚妻子生活得非常快乐。但是快乐的兔子祖罗一天天变得不快乐起来，每一天他脸上的忧虑都在加深，他弹奏拇指琴的次数也越来越少了，天上的人们很少能从祖罗的琴声中获得快乐和幸福了。原来，祖罗生起了思乡病。他每天越是看到这个充满生机的国度，就越增添他心中的痛苦，他每时每刻都在挂念着自己曾经生活的地方。他想念自己黑乎乎的兔子洞，想念黑暗草原上自己的老朋友，他自言自语道："这些美丽的东西，我多希望我生活的黑暗大草原都有啊，那样所有的动物都会沐浴在温暖的阳光和柔和的月光下了，他们再也不用在草原上摸黑走路了。草原也会和这个国度一样长满鲜花，空中会飞舞着叫得很好听的小鸟和五彩斑斓的蝴蝶。"

祖罗有了这个念头之后，他变得不再那么忧虑了，他开始每天都在琢磨这件事："这里的太阳和月亮是那么大，如果我悄悄切下一块来，是不会对这个国度产生影响的，人们也不会为此责怪我。"

终于有一天，月亮和太阳睡在大葫芦里休息，祖罗趁他的妻子马莱尼外出的时候，切下了一小块月亮和太阳。他把这两块小东西分别系在自己的腰带上，把葫芦盖好，然后跑到那个奇异的巨大蜘蛛网边，顺着蜘蛛网急匆匆地向下爬去。

马莱尼回家后并没有看见祖罗。她急急走进放着月亮和太阳的房间，打开大葫芦，发现太阳和月亮在不起眼的地方都被切去了一块。这位少妇便急急忙忙跑去禀告她的父王。

"祖罗带着切下来的月亮和太阳不知道跑到哪里去了。"马莱尼对她的父王说。

"竟然有这种事！"国王十分生气。他带领侍卫和哭哭啼啼的公主跑到蜘蛛网边，侍卫长手搭凉棚向下看去，在很远很远的地方，祖罗正在往下爬呢，兔子祖罗的身影已经小得像个蚂蚁了。公主可以看到祖罗身上闪闪发亮，那正是被他切下来的那块月亮和那块太阳，月亮碎片发着温润珍珠般的光辉，太阳碎片闪着璀璨如金子的光芒。公主泪眼婆娑。

"快把太阳和月亮给我拿回来！"国王对祖罗咆哮道。他的喊声是那么响亮，以致地上的居民都以为天上是在打雷。

可是祖罗根本不理他，仍然一股脑地往下爬。

国王向侍卫长发号施令："快把祖罗给我抓回来，我要他的小命！"

侍卫长带着侍卫们开始顺着蜘蛛网跟随祖罗往下爬。他们的速度比祖罗还要快。祖罗眼看就要被侍卫长领着的队伍追上了，幸好他还有几步就到达

地面。他用强健的后腿猛地一蹬，就从蜘蛛网上跳
飞出去好远。很快，侍卫长和侍卫们也到达了地面。

侍卫长把森林里的所有动物都叫了出来，请求
这些动物帮他的忙。

"你还记得可恶的兔子祖罗是怎样用他的琴声
迷惑你们的吗？"

"记得，"猴子巴朋说，"该死的兔子祖罗，
只要他一弹奏他的拇指琴，我的兄弟们就像喝醉了
酒了，变得再也不像他们了。我会帮助你们的。"
猴子说完，又叫上了许多同样讨厌兔子祖罗的动物，
在森林里埋伏下来，准备抓住这个迷惑人心的兔子。

祖罗发现森林里的气息不再像以前那样友善，
就跑得更快了。最后，他来到了一条大河的岸边。
河里的水流十分湍急，河面十分宽阔，一只兔子是
无法游过这样的河流的。但是他也不能往回走，因
为国王的侍卫和许多动物正在他身后追赶着他。

祖罗拨弄了一下他的拇指琴，念了句咒语，他
立刻变成了河岸边无数块石头中的一个。就在这时，
侍卫们和追赶他的动物也赶到了这条河边。

"可恶的兔子跑哪里去了，我刚才亲眼看到他
就在这岸边的。"猴子巴朋不敢置信地大喊道。

"会不会是跑到河对岸去了，毕竟这只兔子是
如此的诡计多端。"一个侍卫说道。

追兵们仿佛泄了气一样，另一个侍卫捡起一块石头，气愤地把它扔到了河对岸，"难道我们就抓不到这只兔子了吗？"他的话音刚落，那块被他扔到对岸的石块就变成了兔子祖罗。

"哈哈哈！"祖罗大笑道，"现在你们是真的追不到我了！"

的确，这么宽的河流，除非这些动物和侍卫立刻长出翅膀，不然凭他们，也无法到达河对岸。

祖罗嘲弄了一番追兵后，爬到一棵高高的大树上，他解开系着太阳碎片的绳子，把这个宝贵的太阳的一部分挂到了天空中。刹那间，温暖的阳光洒满了大地。森林里和草原上的动物们都不敢置信地抬起头，他们是第一次看到这样光亮的东西，也第一次看清了森林和草原的样子。

祖罗看着这一切，心里十分高兴。他爬下树，开始弹奏他的拇指琴，又唱又跳：

> 我是快乐的兔子祖罗，
> 喜欢光明，讨厌黑暗。
> 我是勇敢的兔子祖罗，
> 喜欢蝴蝶和小鸟。
> 我是敏捷的兔子祖罗，
> 逃过了无数追兵。

我是会唱歌的兔子祖罗，

今天我要纵情歌唱……

就在他唱歌的这会儿，树木和草丛都开始慢慢变绿，变得和天上的国度中的一样。后来，又飞出了五彩缤纷的小鸟和斑斓的蝴蝶，它们在碧绿的草原上、浓密的森林里翩翩起舞。不过，天上的国王和公主仍然不能原谅兔子祖罗，至今我们仍能看到公主的泪水，泪水伴随着国王的怒吼，这就是天空中的雷电和雨水。

而兔子祖罗呢，受到了无数动物的欢迎。"我们从来没有见过这样神奇的景象！"所有的动物都这样喊道，"祖罗是一个伟大的魔术师！我们再也不会追赶他了。我们过去生活在黑暗中，可是现在，瞧！他给我们带来了光明。"打那以后，所有的动物都和祖罗交上了朋友。

长跑比赛

有一天，森林中的动物们准备举办一次长跑比赛，因为百兽之王狮子发现所有的动物都十分喜爱赛跑，而在动物们追赶和逃跑的时候，速度对他们来说很重要。同时，他们也愿意通过赛跑证明自己的实力，这会让他们更有面子。所有的赛跑者都想让别的动物瞧一瞧，他们是多么出色的赛跑者，多么轻巧，多么敏捷！

百兽之王定下了规则，规定所有的动物都能参加这个长跑比赛。动物们欢欣鼓舞，前来报名比赛的动物一天比一天多。狮子看着十分高兴。

直到有一天，一只鹿跑来报名，告诉狮子说，他也想参加赛跑。谁都知道鹿是森林中跑得最快的。他有着纤长的四肢，灵巧的尾巴，以及能够在岩石上攀岩的蹄子。动物们听到这个消息，都十分沮丧。

不断有动物哀求鹿，不要参加长跑比赛。

"我们已经知道，你是所有动物中跑得最快的了。但是现在，我们想知道除你之外跑得最快的是哪个。如果你也参加赛跑，那我们就会受到大家伙儿狠狠的嘲笑。"

但是鹿说什么也不愿意听他们的。他脸上挂着微笑，骄傲地在大家面前跑来跑去。直到报名的最后一天，鹿说："没错，我就要参加赛跑。"

动物们都十分郁闷，他们在最后的时刻纷纷取消了报名，谁也不愿意和鹿在赛跑上同台竞技。很快就没有除了鹿之外的第二个动物参加赛跑了。而鹿的脸上仍然挂着微笑，骄傲地在大家面前跑来跑去，显得十分快活。

赛跑举办者、百兽之王狮子没有办法，允诺给第一名以外的参与者颁发贵重的奖品，但是还是找不到想和鹿比赛的对手。

"鹿要得到头奖是一件轻而易举的事情。"所有的动物都这么说。

鹿听了十分高兴。他带着脸上的微笑跑来跑去，显得快活极了。

狮子很不满意现在的情形，他对所有的动物说："你们难道就这样轻易地放弃了吗，别让鹿这样轻易地拿到这个奖，跟他赛一赛吧。"

　　动物们既不吭声，也没有动作。狮子继续说道：
"只要有动物愿意站出来跟鹿赛一赛，我就给他同
等的奖赏！"但还是没有一个动物愿意站出来，因
为他们也都十分骄傲，不愿意出这个洋相。见动物
们仍不开口，狮子生起气来。

　　忽然，大家伙儿听到一个又弱又低的声音，他
们到处寻找声音的来源，在落叶和草丛中间，看见
了一只乌龟。乌龟说："我愿意参加这个赛跑比赛。"

　　动物们沉默了一秒，接着爆发出一阵笑声。他
们的笑声那么的响亮，甚至惊动了远处草原上的动
物。最后，他们实在笑不动了，方才止住。乌龟面
对这样的嘲笑，依然稳稳地站在那里，一言不发，
神情显得十分严肃。他又重复了一遍自己的话："我
要报名参加这次赛跑。"

　　狮子半是好笑半是怀疑地将乌龟的名字登记上
去。

　　"还有别的动物想要参加这个比赛吗？"狮子
又问了一遍。但是仍然没有一个动物愿意参加。

　　动物们都在等乌龟和鹿赛跑那天的到来。"乌
龟想跟鹿赛跑，"他们说，"这是当今最大的笑话！
这实在太有趣了，我一定要去围观全程。"

　　乌龟回到他住的地方，把附近所有的乌龟都叫
了过来，然后对他们说："我准备参加狮子举办的

赛跑比赛，现在是我和一只鹿赛跑。你们必须帮我，咱们一定会在这场赛跑里得到头奖。"

"鹿以为稳操胜券了，"乌龟继续说，"但我很了解他是怎样赛跑的。鹿一定会跑着跑着就停下来吃草。如果他遇到别的动物，说不定还会停下来跟他们聊聊天。他甚至还会打一会儿盹。尽管这样他还是会获胜，我们需要充分利用他的这个弱点。下面是我的计划。你们知道，我们乌龟的样子长得都很像，那些动物，包括鹿和狮子，是分不清我们的。这场赛跑将在一条很长的山谷里进行。我打算藏在离终点线不远的山谷谷口附近，你们中的每一位分别藏在这条路上的灌木丛中。我敢保证，鹿会停下来吃草，还会和别的动物聊天，或者打一个盹。鹿每次停下来的时候，躲在附近灌木丛中的你们中的一员，要和鹿同时起跑，从灌木丛中出来向前爬。就这样一个接一个，接力的乌龟出发后，后面的那只乌龟要立刻躲到附近的灌木丛中。我猜想鹿会在终点线附近打一会儿盹，他常常这样对我们这些不起眼的乌龟掉以轻心，以为我还远远地落在后面。狮子和动物们以为要等很久才能等到我爬到终点线。但是我告诉你们，我会是获胜的那个。"

说完乌龟笑了起来，所有的乌龟也跟着在软绵绵的聚会草地上放声大笑，然后愉快地跳起舞来。

比赛的这天终于到来了。这天一大早，所有的乌龟都藏在了指定的地点。只有寥寥几只动物在起跑点观看起跑。其余的动物都远远跑到山谷谷口，狮子也坐镇在那里，那里也是赛跑的终点线。他们不完全是来参观赛跑的，更抱着看乌龟出洋相的心情，幸灾乐祸着。

一清早，起跑开始了。观赛的动物们看见乌龟勇敢而愉快地起跑的时候，便在那里哈哈大笑起来。他们以为乌龟现在那么自信，是因为他能够稳拿参与奖。当鹿撒开蹄子，刹那间就将乌龟远远落在后面的时候，动物们的笑声就更加响亮了。鹿回头看了看乌龟，也乐了。

"再见！"鹿高声喊道。

鹿跑得很快，一会儿工夫就跑得无影无踪了。

动物们没有耐心留下来看爬得很慢的乌龟，都离开了出发点。

不久，鹿就觉得累了，他放慢速度了，停下来在山谷里寻找鲜嫩的青草。

就在这时，第一只乌龟在灌木丛下躲藏起来了，而前面的一只乌龟便很快从鹿附近的灌木丛中爬到路上。鹿正低头用舌头卷食嫩草，并没有看到这一幕。

过了很久，鹿才回到跑道上，飞快地向前跑起来。他原以为乌龟还在他的后面，结果竟然在他的前头

看到了那只不起眼的乌龟。乌龟正慢慢地向前爬着。鹿心里暗暗吃了一惊，但是他笑着继续往前跑。一会儿工夫，他再次超过了乌龟。

后来，在鹿每次停下来的间隙，都有一只乌龟从跑道上躲藏到附近的灌木丛中，另外一只乌龟从鹿附近的灌木丛中爬到跑道上。鹿已经停下来了好几次，不是吃草，就是停下来和动物们聊天。但他每次都能追赶上慢吞吞爬在他前面的那只乌龟，他脸上依然挂着胜券在握的微笑。

"可怜的小东西，等到他爬到终点线的时候，该会多么的累啊！"鹿这样想。

鹿距离终点线还有一里路的时候，决定打一个盹儿。他原本想睡一小觉，但却睡了一大觉。乌龟们因此有足够的时间一只接一只地从藏身的地方爬到另一个藏身的地方。最后就爬到了那只报名参赛的乌龟藏身之所。那只乌龟爬了出来，往终点线爬去。

这时，狮子和动物们正在等鹿的到来。

"鹿马上就会到了。"他们有说有笑，开心极了。

正在这时，他们看到的是那只毫不起眼的乌龟，而不是鹿。乌龟正在拼命往前爬。

动物们只吃惊了一下，又开始哈哈大笑。

"鹿是想让我们看看他的拿手好戏。"他们说。

"他让乌龟在前面爬是为了取乐。他想在最后一刻冲到终点线，他想嘲笑这只乌龟。"

但是乌龟越爬越近，他终于在大家眼前爬过了终点线。直到最后，鹿都没有出现在大家伙儿面前。

狮子看到这一幕，发出了非常吃惊的吼叫声，叫得树木都摇晃起来了。

正在酣睡的鹿听到狮子的吼叫声，突然惊醒，赶紧跳起来说："现在是冲向终点线的时候了。"于是他沿着山谷向前跑去。

他以为乌龟还远远落在后面，所以愉快地笑了起来。当他冲过终点线的时候，脸上仍然带着笑容。但他马上看见了乌龟，突然明白自己赛跑输给了乌龟，他又惊又气，晕了过去。一只大象走过来，把一些冷水喷洒到鹿的脸上。鹿清醒了过来，再次看到了那只让他屈辱的乌龟。

赛跑举办者狮子开始颁奖，把一等奖颁给了乌龟，给鹿颁发了参与奖。鹿的脸上再也没有笑容了。

那只乌龟拿着一等奖，慢吞吞走回去，和他的同伴们一起分享这个奖章。乌龟们在软绵绵的聚会草地上放声大笑，愉快地跳起舞来，欢乐持续了一整个晚上。

狮子为什么会吼叫

狮子是草原上鼎鼎有名的兽中之王，他浓密的鬃毛，强有力的四肢，巨大的爪子，不仅看上去很威风，而且也是征服所有动物的利器。狮子的吼叫声既雄厚，又响亮。狮子吼叫一声，老远就能听到，就连他附近的草皮都会簌簌抖动。

不过很久以前，他的声音不是这样的，那时候他的声音还像小猫咪一样，叫起来是细弱的"喵喵"声。这样细小的声音配上他的巨大身躯，惹得很多动物都暗自发笑。他们在背后悄悄地议论狮子，但不敢在狮子面前这样做，因为他们很害怕狮子。

兔子祖罗是非洲大陆上最聪明的动物，一天，他遇到了狮子。

"陛下，您知不知道，"祖罗对狮子说，"所有的动物都在背后讥笑您那可笑的小嗓子？"祖罗

24

模仿狮子的"喵喵"声叫了两下，"难道这就是兽中之王的嗓子吗？压根儿不是，这是小猫的嗓子。您必须有雷鸣般的吼声。这样，所有的野兽就不会再嘲笑您了。"

狮子陷入了沉思："你说的不错，我也渴望有一副雷鸣般的嗓子，可是我该怎么办呢？"

"这很简单，"祖罗对狮子说，"有一个办法可以很容易让您的嗓子变得浑厚。但您得照着我告诉您的话去做，要达到这个目标，您会吃许多苦头。"

"我愿意照你的一切吩咐去办，"狮子说，"任何痛苦都比这种可笑的嗓子要好上许多。假如你能使我有一副洪亮的嗓子，那么所有的动物就再也不会在背后嘲笑我了。快帮帮我的忙吧！"

"那咱们就出发吧！"祖罗说道。

一只外貌很普通的兔子带领着一只威风凛凛的狮子来到了森林和草原的交界处，别的动物远远看到了这幕以为自己花了眼，都使劲揉了揉眼睛。

祖罗把狮子带到一个野蜂窝跟前，野蜂窝的周围还飞舞着来来回回的蜜蜂。

"陛下，您必须把这个蜂窝整个儿吃下去，"祖罗对狮子说，"但您吃的时候不能张口。记住，这个野蜂窝一定会使您非常痛苦，可是只要挨过这阵，您以后就会有一副雷鸣般的嗓子了。"

　　狮子用爪子拎起这个野蜂窝，一脸怀疑地把野蜂窝塞进嘴里，开始吃起来。很快，他脸上困惑的表情变成了痛苦，他的鼻子和眼睛全部皱到了一起，因为蜂窝里的蜜蜂开始在他的嘴里疯狂攻击起来。他痛得流出了眼泪，眼看就要忍不住张口的时候，祖罗在旁边大喊道："记住千万不能张口！您就要有一副洪亮的嗓子了，不要被这点苦头打败，这样就前功尽弃了。"

　　"嗯……嗯……"狮子一面继续吃，一面痛苦得乱哼哼。虽然疼得厉害，可是他仍然不敢把嘴张开。

　　"假如我把嘴巴张开，洪亮的嗓子就会飞走了。"他想。

　　但是他一边吃，一边惊奇地发现，他的哼哼声越来越浑厚，不再像之前那样是小猫咪的细弱嗓音了。他听到自己声音的变化，高兴极了。蜜蜂越是蜇他，他发出的声音就越是响亮。不一会儿，整个丛林都被他的"哼哼"声震得发抖了。附近的树叶和草叶全在瑟瑟发抖，整个丛林萦绕着这种可怕的声音。

　　最后，狮子把整个蜂窝连同里面的蜜蜂和蜂蜜全都吃进了肚子里。他也病倒了。他疲惫地躺在一株大树下，把头枕在爪子上。

　　这时，远远观察了半天的鬣狗走过来，看见狮子是这样的虚弱，幸灾乐祸地说道："您多傻啊！您为什么会听那个狡猾兔子祖罗的话，您看您吃下了一整个蜂窝，现在已经奄奄一息了，他是要害死您！"

狮子听到这话，"嚯"地跳了起来，伸出巨爪想要去抓祖罗。兔子很轻松地笑着跳过狮子的肩膀，消失在丛林里了。狮子又难受得厉害，只能无奈地躺下呻吟。

"等我的病好了，我要给你点颜色瞧瞧！"狮子向祖罗消失的方向吼道。

但是这时，从他嘴里吐出来的声音，已经是非常骇人，低沉的声音了。

"听听这个雷声，"树林里所有的动物都在窃窃私语，"这是多么可怕的声音啊，光是听到我就两脚打战了。"

他们从自己的巢穴里跑出来，去探寻这究竟是哪里传来的奇怪的声音。大家看到躺在树下的狮子张开大嘴，不断地发出不耐烦的低吼。于是，所有的动物都知道兽中之王现在有了一副新的嗓子。

狮子的喉咙疼了好长一段时间，后来也就全好了，但是响亮骇人的声音却依然存在。

直到今天，非洲所有的人都知道，狮子的吼声是非洲丛林中最可怕的声音。

聪明的兔子和快腿蜘蛛

从前有一只兔子，他很聪明。所有的动物都知道这一点。他是快腿蜘蛛的叔叔。兔子和蜘蛛今天已不是一个家族，但他们仍然长得很像。他们都很敏捷，一遇到什么风吹草动，他们能够立刻拔腿就跑。他们都有一个很大的家族，而且都很忙，因为老是要寻找足够果腹的食物。他们的孩子很多，因此就需要非常非常多的食物。而那时候，寻找食物是一件非常困难的事情，所以，聪明的兔子和快腿蜘蛛，还有他们的大家族，日子是很难熬的。

快腿蜘蛛常常感到很绝望，常常几个小时躺在窝里一动不动，而聪明的兔子从来不失望。他比快腿蜘蛛大，他经常说："没有什么事情是永远不变的。我看这个艰难的时期会很快地过去。只要渡过这个难关，日子就会好过起来。所以千万不能绝望。"

事情果然如兔子所说的那样，有一天，聪明的兔子在山上看到一株高耸入云的树。

　　"这很奇怪，"兔子自言自语，"我经常路过这里，可从来没有看到这棵树。这棵树果然很奇怪。"

　　他围着这棵高大的树转圈圈，抬头研究它。这棵树可以说真的很奇怪了，树上有许许多多的小白花，而且每朵花都在冒热气。

　　聪明的兔子不敢相信自己的眼睛，因为最近的世道十分艰难，很久没有下雨了，所有的植物都一副快要死了的样子。唯独这棵树还在开花，小白花上面还在冒热气。他跳到这棵树附近的山岗上，凑近了看树上的花朵。原来，那些小白花不是真的花朵。每朵花都是一个盛着热食的盘子，热气正是从每个盘子上的热食冒出来的。他试图伸出小爪子，想要去够那些小盘子，可是他很快就明白自己在做一件很蠢的事情，他的爪子太短了。他又试着爬上树，但是爬树对一只兔子来说，也根本无法做到。最后，他坐在那棵大树下，久久地凝视着那些像花朵一样的盘子，想起了自己嗷嗷待哺的一大家子，他嚷道："啊，这棵神木，请掉下一个一个盘子吧！我只需要一个小盘子就行了！"

　　话音刚落，一个冒着热气的小盘子就掉到了兔子的面前，他非常吃惊。聪明的兔子感到十分的快乐，感谢神木后，就吃起了盘子中的食物来。食物很多，他把自己喂饱后，还剩下好多带回去给他的家人。

这一天，兔子和他的小兔子们，美美地吃了一顿。他们很久没有吃到饱了，他们到处跳啊，玩啊，跑啊，从来没有这么快活过。兔子很高兴。从此，他天天都跑到那棵神木树下，请求神木掉一个小盘子在他的面前。神木也总是满足他的请求。

秋天到了，一天，快腿蜘蛛来看他的叔叔。他来的时候，正好遇上兔子们在吃食物，满屋子都是食物的香气和热气。

"叔叔，请给我一些炭火好吗？"蜘蛛央求道。

"当然可以，"兔子回答说，"我马上就给你。"

兔子给了快腿蜘蛛一些炭火，但蜘蛛仍然没有满足，他转过身，悄悄把炭火扔在了水坑里。

"呀！"蜘蛛大声叫道，"我把炭火弄灭了，它掉进水坑里了。请您再给我一些炭火吧！"

蜘蛛的叔叔说："好的，我再给你一些炭火。这次你要拿稳了。"

"不过您首先要给我一些食物，"快腿蜘蛛说，"亲爱的叔叔，您知道我快要饿死了。留我和你们一起吃饭吧。"

于是，聪明的兔子给了蜘蛛一些食物。从此以后，快腿蜘蛛每天都到他的叔叔家里来。他自己吃了不算，还要求拿走一些食物给他的家人吃。最后，兔子的老婆说话了："够了。他自己干吗不去找吃的？他比你年轻，也比你强壮。他应该学会自己去找吃的。要不明天带他一起去吧。"

第二天，兔子带着蜘蛛一起去神木下面，蜘蛛在一旁，留心观察他的叔叔是怎样得到食物的。

"现在我要神木给我一个像花朵的盘子，"蜘蛛对他叔叔说，"可我不要一个小盘子。我想要神木给我一个大点儿的盘子。"

于是蜘蛛转过身向神木高声叫道："掉下一个大盘子吧，我可不要小盘子，我要一个最大的盘子。"

他的话音刚落，一个盛满食物的最大的盘子砸在了蜘蛛身上，差点儿把他压死。

兔子赶忙跑上去帮他把盘子搬下来，即使这样，蜘蛛也受了严重的伤。兔子费了很大的力气把蜘蛛搬回家。从此以后，聪明的兔子每天都给蜘蛛和他的家族送食物，一直到蜘蛛恢复健康为止。当快腿蜘蛛终于恢复了健康，再次跑到神木下请求食物的时候，那棵树却不再给他任何食物。但是神木仍向兔子有求必应，一直到灾荒过去才停止。这时，那些像花朵的盘子也就不见了。

因为这件事，直到今天兔子还是头朝天地笔直坐着，而蜘蛛却紧紧贴着地面爬行，谁也不喜欢他。

蜘 蛛 和 萤 火 虫

　　蜘蛛以前经常偷窃和抢劫。他虽然并不强壮，但是他能吃掉比他更强壮、更庞大的昆虫，这是因为他袭击昆虫的动作很突然，这些昆虫还没有觉察到的时候，就被他吃掉了。同样，因为蜘蛛的行动很敏捷，几乎没有谁能够捉住他。但是有一回，他受到了严厉的惩罚，并在身上留下了一个可怕的印记。这个印记至今还留在他的身上，而且将一代一代地留在所有的蜘蛛身上。

　　这件事发生在昆虫觅食困难的时期。蜘蛛从早到晚忙着找食物，可是经常忙活了一天也只能找到很少的食物，因此他的一大家子经常挨饿。蜘蛛开始觉得晚上不能偷窃很遗憾。因为黑夜对小偷来说是个好时辰，但即便是小偷，也需要有一点光，才能看清如何下手。所以，蜘蛛为了在夜间行窃，想要有一点光，决定去和萤火虫交朋友。

"如果萤火虫给我一点光，"他想，"我就可以在大家熟睡的时候偷到许多东西，这样，我们就不愁吃了。"

但是蜘蛛知道，萤火虫很正派，从来没有偷过任何东西。

"我想萤火虫的肚子也很饿，"蜘蛛自言自语说，"这会使他来帮助我。"

蜘蛛便去找萤火虫，当他找到歇在叶子上的萤火虫时，天已经很黑了。萤火虫的样子显得很忧愁。

"萤火虫，你好吗？"蜘蛛搭讪说，"我借你的光才认出你来。"

"我也借着我的光才认出你来，"萤火虫说，"我能活着，是因为我的光常常帮助我看见敌人。"

"难道我是你的敌人吗？我从来没有伤害过你。"蜘蛛说道。

"你没有抢过我的东西，也没有伤害过我，"萤火虫说，"这是因为你害怕我的光。"

"是的，你的光能帮助你许多，"蜘蛛说，"可是你的光不能给你食物，你会因为可怕的饥荒饿死的。"

"你想干什么？"萤火虫怒气冲冲地问，"你是在等我的光熄灭吗？如果你想攻击我，那就滚开

吧，只要我活着，我就要发光。我不怕你。"

"噢，可别这样对我说话，"蜘蛛说，"我是来和你交朋友的。我很喜欢你，我喜欢你的光。所以我想帮助你。我可以救你的命。我很强壮，手脚也很灵活。听我说，只要我们一起合作，就不用愁饿死。你可以用你的光来帮助我。如果你饿死了，你就不能为别的昆虫照明了。"

"我知道，"萤火虫说，"如果我死掉的话，其他所有的昆虫都会生活在黑暗中了。"

"那你一定不能死，"蜘蛛嚷道，"咱们合作吧。这样你就不用挨饿了，而且昆虫们也不会生活在黑暗中。"

萤火虫说："那就把你的打算给我讲讲。"

"听我说，"蜘蛛说道，"如果我能够在夜间大家睡着的时候偷东西的话，我就能偷到足够供咱俩吃的食物。你跟我走，为我发出一点光，这就是我请求你做的一切。你不用偷，这件事让我来。得手之后我给你食物。这样你就能够活下去，而昆虫们也会得到你的光。"

萤火虫想了一会儿，他不知道，跟蜘蛛一起走并且帮他的忙究竟对不对，但他挂念着昆虫们。最后，他说："看在昆虫们的份上，我跟你一起去。因为为昆虫们照明是我的责任。"

蜘蛛听了非常高兴。他假装真诚地对萤火虫说："你是一个聪明人。"

于是，蜘蛛把他的计划告诉了萤火虫。

这个地方附近有一条小河。一只豹子把一些渔篮沉到河里。每天早晨他都从渔篮取出许多鱼来，所以日子过得很滋润。蜘蛛看见了，便打起了豹子的主意。但豹子十分凶猛，蜘蛛不敢白天去偷。现在有了萤火虫，他就可以在萤火虫的光下去实行盗窃了。

"这很容易，"蜘蛛说，"你给我一点光，我就把鱼从篮子里取出来。我们绝对会平安无事的。"

萤火虫和蜘蛛一晚又一晚地跑到河边。蜘蛛借着萤火虫的光，从水里拉上渔篮，再从篮子里把鱼一条一条地抓出来，然后把篮子重新放回河里。又借着萤火虫的光把鱼一条一条地拖进窝里，并且拿出一些给他的大家族吃。

萤火虫夜间睡不着觉，反复寻思："我帮助蜘蛛，但他做的事不是光明正大的。他是一个贼。难道帮助他偷窃的我也是一个贼吗？如果昆虫们知道了这件事，他们会怎么看我呢？我还是离开他为好。我想现在离开他还为时不晚。"

萤火虫天天都在琢磨这件事，越来越不喜欢他的工作。每天夜里他都问自己："难道我也是一个贼吗？不，我不想再帮他的忙了，我宁可饿死。但在死前，我要好好教训教训他。"

第二天夜里，萤火虫和蜘蛛照常跑到河边。蜘蛛抓出鱼打算带回家去。就在这时，萤火虫熄灭了他的光，飞走了。

起初，蜘蛛以为出了什么事，所以赶快躲起来等待。他等了很久，萤火虫始终没有飞回来。最后，他决定回家去。

蜘蛛匆匆把死鱼拖进河里，只留下最大的一条。他拖着这条鱼往家里去。天仍然很黑，他由于没有萤火虫的光照亮，认不出回家的路了。

蜘蛛在黑暗中爬呀爬呀，累极了。最后，他爬到一座房子前面，并且打开了门。他想："我终于到家了。"他把鱼放在地上就睡着了。

他不知道的是，这不是他的家，而是豹子的家。等到第二天，豹子起来准备去河边看看他的渔篮。忽然，他看见一条死鱼和在地上熟睡的蜘蛛。他全都明白了。

"偷鱼的贼骨头就在这里。"豹子很生气地说，"他竟然自投罗网了。真是天助我也。"

豹子说："我要把这个偷鱼的贼结结实实地捆起来，使你连一条腿都动弹不得，然后我再把你叫醒，教训你几句，再把你痛打一顿。"

豹子先把蜘蛛紧紧地捆起来，然后把他叫醒。

等蜘蛛明白自己是在什么地方的时候，吓得浑身哆嗦。他想逃跑，但是连一条腿都动不了。豹子把蜘蛛大骂一顿，并且揍了这个偷鱼贼。他本来想把蜘蛛揍死的，但是觉得太累了，便停下来歇一会儿。他没有看见捆在蜘蛛腿上的一些绳子已经断了。蜘蛛趁机飞快地逃走，不久就逃到了自己家中。他得了一场重病，尤其糟糕的是，那条紧紧捆在他腰间的绳子把他的身子勒成了两半。

蜘蛛的老婆既解不开也割不断这条绳子，因为她怕割着她丈夫的身子而把他弄死。

所以直到今天，蜘蛛的身子还像是被一条捆得紧紧的绳子勒成两半。

至于萤火虫，他到现在还在为自己曾给蜘蛛照过亮而感到万分羞愧。他只是在黑夜中飞来飞去，发出自己的全部光芒来为昆虫们在夜间照明。现在，他再也不在白天飞出来了。

羚羊和蜘蛛互相帮助

很久以前，羚羊和蜘蛛还不是好朋友，他们虽然住在一个树林里，但他们彼此却不曾见过面。

有一天，在一个晴朗的早晨，羚羊听见附近有什么声音，他的心猛烈地跳动起来，因为他觉察到了危险。他竖起耳朵想听个清楚，于是便听到了有人在说话："捉住他，捉住。"这是猎人的声音，他们用皮带牵着几条狗，正向这儿逼近。

"这儿肯定有一只羚羊，你看，这是羚羊的足迹。"猎人们说道。

羚羊一开始还以为猎人们离他还很远，可是再仔细听听，猎人和猎犬已经近在咫尺了。

"啊，我完蛋了。我就要被捉住了。"羚羊惊叫起来，像旋风一样跑开，在丛林中疯狂跳跃、穿梭。

可是猎犬也开始带领猎人奔跑起来，猎犬说："这只羚羊逃不出我们的手心了。"

猎人看见猎犬加快了脚步，便也撒开腿，追赶猎犬的身影。

羚羊使劲奔跑，跑了足足一天，可是始终没有和猎犬、猎人拉开距离。羚羊渐渐觉得自己是白费功夫，他开始认为自己不可能逃脱出猎人的包围圈。这时，羚羊陷入了沼泽里，沼泽里长满了半人高的水草。他感受到了绝望。在绝境中，他看见一只蜘蛛。

"哦，蜘蛛，救救我吧！"羚羊向蜘蛛哀求道。

"你遇到什么困难了？"蜘蛛问。

"我正被猎人和他们的猎犬追赶，可眼下我又陷入了沼泽。"羚羊央求道，"快帮我想想办法。"

蜘蛛说："看到旁边的白蚁窝了吗，你抓住白蚁窝，就能爬上来。"

羚羊好不容易逃出沼泽，说："非常感谢你，现在还有猎人和猎犬，我该怎么办。"

蜘蛛说："你既然来到了我们这儿，你就会安然无恙。"

蜘蛛说完，喊出了自己的一大家子，一大群蜘蛛一起工作起来。蜘蛛们纷纷吐出蛛丝，用蛛网把羚羊的足迹盖住。他们就这样在羚羊的脚印上走，直到最后遇见猎人们。猎人们看见了那一堆堆的蛛丝后，就调转了方向，向别的地方搜寻了："那只羚

羊应该往别的地方走了，这不是他的足迹，可能是别的羚羊很久之前的足迹，这里都已经结蜘蛛网了。"

猎人们带着猎狗，在森林里徒劳无获地转悠了几圈，在黑夜来临之际回家了。

第二天，猎人们商量道："既然羚羊藏在这里的什么地方，我们就用火把他逼出来好了。如果他确实在这儿，就一定会出来，我们就可以把他捉住。"

没过多久，林火就以包围之势烧起来了。

羚羊对他的朋友蜘蛛说："看来我是真的很倒霉了。"

蜘蛛回答说："亲爱的羚羊。只有你是能够逃生的，如果你不害怕跳过烈火的话。"

羚羊说道："老弟，咱们必须一块儿逃生。我跳过烈火，咱们都可以得救。"

蜘蛛悲哀地说："喔，我会死的。"

"你不会死，"羚羊肯定地说道，"如果你爬到我的耳朵里，就万事大吉了。"

蜘蛛爬进了羚羊的耳朵，羚羊鼓起勇气，"唰"地飞过了烈火圈，像一股旋风，像一支离弦的箭。火舌烧焦了羚羊腹部的一些绒毛，蜘蛛闻到了一些焦味。

等到猎人们看到烈火中的飞影后，羚羊带着蜘蛛已经跑远了。

羚羊到了安全的地方，就停下来，向蜘蛛说："你看，我们还是活下来了。"

蜘蛛安然无恙地钻了出来，非常感激羚羊。

为 什 么 狗 是 人 的 朋 友

很久很久以前，狗和豺狼一样，生活在荒林里，他们是一对兄弟。每天他们一块儿去打猎，晚上就回到山谷他们唯一的家中，平分他们的食物。

有一个晚上，他俩空手回来，感到特别饥饿。更糟糕的是，荒林里刮起了风，他们没有任何可以避风的地方。

狗说："唉！本来饿肚子就很难受，同时又饿又冷，就更倒霉了。"

"躺下睡吧，"豺狼劝他，"到了早上我们又能狩猎了，没准还能逮住今天差点儿就抓到手的那只小鹿呢。"

但狗睡不着。他的肚子饿得"咕咕"直叫，他的毛皮又不如豺狼那么暖和，牙齿也冻得直哆嗦。当他凄惨地躺在地上，望向远方的时候，他看到了远处有红色的火光。

"兄弟!"他惊叫起来,"那边的火光是怎么回事?"

"那是村子,是人类生起的火。"豺狼说道。

"火很暖和,"狗渴望地说道,"我们一起去火边取暖吧!豺狼兄弟?"

"我可不去!"豺狼怪叫道,"要去你自己去,我可不要。"

狗也不太敢单枪匹马地闯入人类的村子。他为了暖和,在光秃秃的地面上蜷缩得更紧了。他想啊,也许人类会弄到很多好吃的,但是人类又不吃骨头,没准他可以偷偷跑过去,弄一些骨头吃吃。这个念头让他越来越饿,渐渐地躺不住了。他对豺狼说:"太冷了,我再也待不住了,我要到村子里取点火回来,也许还能给你带回一些骨头。要是我一会儿没回来,你就呼唤我,我怕我会找不到回来的路。"

狗朝着村里的火光一直跑去。快到村子的时候,他贴紧地面,放慢脚步,不想暴露自己的行踪。他离火越来越近,也闻到了食物的味道。狗很紧张,但是也很兴奋,因为这意味着肯定有食物让他吃了。正当他来到一家门外的火堆时,人类圈养的动物开始叫起来,一个人跑了出来,拎住他的后颈皮,说道:"你到我家来干什么,你这个贼!"

"啊，不要杀我，"狗求饶道："我不是来偷东西的，也不会伤害任何人，我只想在这个火堆边取暖。求你让我在这里暖和暖和身体。我待会儿就离开。"

　　狗看起来非常冷，他的话说服了这个人，这个人把狗放下来，说："好吧，既然你说你不会伤害任何人，就留下来烤火吧。"

　　狗对这个好心人谢了又谢，在火边躺下了。那个好心人给火堆添了些木头，把火烧得更旺了。狗现在觉得没有比这更舒服的了。正好在他旁边，有根丢弃的骨头，他快活地啃了起来。

　　突然，那个人从屋里向他喊道："你暖和够了没有？"

　　"还没有！"狗说，因为他又看到了一块丢弃的骨头。

　　"好，我就让你再多待一会儿。"

　　狗非常开心，尾巴开心地摇了起来，开始肆无忌惮地吃那几个骨头。

　　过了一会儿，那人又问道："你现在暖和够了吗？"

　　狗很不想回到寒风呼啸的荒林中，那里既寒冷，又没有吃的。他向火堆靠得更近些，向那个人请求说："让我再待一会儿吧！"

又过了一会儿，那个人走到狗的身边："你现在一定暖和够了，你快走吧。"

狗决定向这个好心人吐露心声，他看着这个人的眼睛，说："是的，我已经暖和了，比刚才舒服了很多，可我不想回到荒林里，那里没有火堆，我常常又饿又冷，受冻挨饿。我请求你让我留在村里和你一块儿。我可以帮你追捕猎物，帮你识别森林里的道路。我保证不偷你的东西，也不会伤害任何人。我需要的只是在你的火边暖和身体，以及你吃剩的骨头或者其他什么。"

那个人紧盯着狗的眼睛，看得出狗是在说真心话。

"好吧，"他回答说，"如果你答应从此完全听从我，我可以让你留在身边。"

于是，从那一天起，狗就跟人生活在一起了。狗帮助人在森林里更灵活地行走，追捕各种狡猾的猎物。同时他也享受了火堆和骨头。到了夜里，他们会听到豺狼在荒林里"嗷嗷"的叫声，那是豺狼在呼唤他的狗兄弟。而狗从来没有理睬过豺狼的呼喊。

田鼠和家鼠

　　从前，在城市里生活着一只家鼠，这天，家鼠来到农村，他看到了很多平时在城市里看不到的东西，高大的树，清澈的小溪，无尽的农田。他在田垄里遇到一只田鼠。田鼠长得跟家鼠很像，不过显然瘦得多。家鼠看见田鼠的时候，田鼠正在吃几个花生。

　　"你好，朋友！"家鼠说："你这是在吃什么？"

　　"你好！这是去年秋天收获的花生，我一直藏在窝里，非常好吃！"田鼠慷慨地说，"你想尝一尝吗？"

　　"我从来不吃这种东西，你为什么要吃这么难吃的粮食？"家鼠表示十分不解，"我常常只挑最好吃的食物吃，而且我想吃多少食物就吃多少食物。"

　　"可是在这里食物总是很少，只有在秋天的时候才会有丰富的食物。我会在那个时候储存很多的食物，然后慢悠悠地吃半年。你得到你的食物费劲吗？"

"不，一点儿也不费劲。"家鼠很骄傲。

"这是真的吗？"田鼠简直不敢置信。

"这是真的，我住在城市里，那里有高楼，有专门做饭的厨师，有送菜的服务员，还有装满箱子的水果、蔬菜、肉类。你跟我去瞧一瞧，你一定会喜欢上城市的。我敢打赌，等你到了城市，你再也不想回到这个什么都没有的地方了。你瞧，在这些树和田垄之间，根本就没有多少能够饱腹的东西。"家鼠极力向田鼠描绘他住的地方，想让他的乡下朋友也跟他一样过上不愁吃的生活。

田鼠被说动了，他吃着去年的花生，觉得如果真有像家鼠说的那种地方，那他也要留在那里。于是他就跟家鼠一起出发了。

他们走啊走啊，走到了很远的地方，在路上，他们遇到了很凶的狗，那只狗冲他们凶猛地叫喊着，吓得他们一阵逃窜。他们还遇到了一只猫，那只猫埋伏在道路中间，看到家鼠和田鼠慢悠悠地走在路上，便猛地窜了出来，还好田鼠和家鼠动作敏捷，逃过了猫的致命一扑。

终于，他们总算到了城里家鼠住的地方。城里果然如家鼠所说，有很多大大小小的房子，还有一些高楼。家鼠就住在这些高楼的缝隙中。这里没有树也没有小溪，只有各种各样的建筑物。田鼠跟随家鼠在高楼的缝隙中穿梭，终于忍不住了，因为今天遇到了可怕的猫和狗，他已经很累了。他问道："吃的东西在哪里呢？"

家鼠一副胸有成竹的样子："肯定有吃的，你跟我来。我要让你吃个饱。"

家鼠带领田鼠来到厨房，这时厨房一片漆黑，在漆黑中，家鼠熟门熟路地在案板和储藏箱间跳跃，终于，他在一个储藏箱前停了下来，家鼠费力地打开储藏箱，田鼠赶紧上去帮忙，家鼠一边抬着储藏箱的盖子，一边说："这里装的是最新鲜的肉，吃起来特别香。我经常在这里吃这个。"

"真的，我已经闻到味道了。我从来没有闻过这么好闻的味道。"田鼠一边帮忙，一边陶醉地闻着。

终于，储藏箱被他们打开了，他们拖出几块肉，开始大快朵颐起来。面前有这么多肉，田鼠终于明白家鼠说的是什么意思了。田鼠只挑最好最肥的地方吃，想吃多少就吃多少。

这时候，厨房的门发出一阵响动，门开了，就在同时，厨房也从一片漆黑变成了白天的样子。田鼠惊呆了，呆呆地坐在一堆肉上面，忘记了逃跑。

家鼠动作非常迅速，他一把拽住田鼠，田鼠也反应过来，撒开腿就跑。但是他吃得太多了，而且今天又太累了，他跑得有点慢。

厨房里走进来几个人，看到了疯狂奔跑的田鼠和家鼠，开始破口大骂起来，挥舞起扫帚和竹竿，开始驱赶这两只可恶的老鼠。田鼠被吓得不轻，家鼠一副游刃有余的样子，左右跳动，把几个人耍得团团转。田鼠的心脏都快跳出来了，他看见那几个人的注意力全部被家鼠吸引了，赶紧跑到一个隐蔽处躲了起来。

过了一会儿，那几个人骂累了，也追累了，终于放下了扫帚和竹竿，开始喘粗气。

田鼠躲在隐蔽处，瑟瑟发抖，一动也不敢动。

过了一会儿，家鼠找了过来。田鼠和家鼠一起躲在隐蔽处，直到厨房再次变得漆黑，他们才敢小心翼翼地走出去。

田鼠等到了安全的地方，便跟家鼠说："呀，我的心脏都快跳出来了。我从来没有吃过这样好吃的食物，但是也从来没有这么害怕过。我几乎以为我会死掉。我还是回到田里安安稳稳地去吃我的花生吧。我想贫穷和快活比富有但是生活在恐惧中要好一些。"

龟 和 蛇

　　很久以前，乌龟和蛇是一对好朋友。他们住在一起，一起吃一个罐子里的食物。他们过得很愉快。直到日子逐渐变得很艰难，再也不是那么容易好找食物，他们每次花很久的时间，才能找到一点儿食物，乌龟和蛇每天都只能吃得半饱。

　　有一天，蛇突然想到："为什么我要把辛辛苦苦找到的食物分给乌龟吃呢？他走得又慢，找到的食物也很少。"蛇自言自语道，"我实在是太饿了，我要把这些食物都留给自己吃。"

　　于是，蛇就把自己长长的身子一圈一圈地盘在罐子上。这样，乌龟就没有办法够到罐子里的食物了，因为他很矮。乌龟已经很饿了，他围着罐子爬来爬去，他看见蛇正在吃东西，吃得很满足，越发觉得自己饿了。他舔了舔嘴，问道："为什么你不让我跟你一起吃东西呢？我们以前经常在一起吃东西的。你快从罐子上下来，让我走近罐子吧。"

"不行，因为我比你大，"蛇狡辩道，"我能够把自己的身子盘在这个罐子上！那么这个食物就归我了，因为我很大，所以我以后就只给自己吃罐子里的东西了。"蛇说完，便继续吃东西。乌龟饿着肚子，把蛇说的话想了又想。

第二天，乌龟为自己做了一顿好吃的，然后用青草做了一根长尾巴系在身上。他把这条青草尾巴盘在罐子上，开始吃里面的东西来。蛇饿了一天，也没有找到东西吃，当他看见乌龟在吃罐子里的东西的时候，十分地羡慕。蛇非常想吃罐子里的东西，他想到以前乌龟都是跟他一起吃东西的，于是说道："让我跟你一起吃东西吧，以前我们总是一起吃的。快把罐子上的青草拿下来吧。让我可以爬上去。"

"现在罐子里的食物仅仅属于我，因为我比你大。"乌龟回答道，"昨天你比我大，你可以吃罐子里的东西。今天我比你大，只有我能吃罐子里的东西。"

愚蠢的蛇由于贪心而受到了乌龟的惩罚。

公狗奥克拉的药

公狗奥克拉经常感到饥饿。他不论在哪儿找到食物，总是马上把它吃掉。有时候，是自己的食物，有时候是别人的食物。可是在他眼里都是一样的。他想吃东西的时候，就不会考虑食物是谁的了。因此，奥克拉是出了名的小偷，他在自己的村里找不到老婆，因为谁也不想嫁给一个小偷。

于是，奥克拉来到了一个很远的城市，那里的人谁也不知道他的底细。他才在那里找到了老婆。

他把老婆带回自己的村里，他们就一起生活了，并且奥克拉准备改过自新，再也不当小偷。

有一次，奥克拉的妻子回故乡去探亲了，过了不久，奥克拉就厌倦了孤单的生活，他托人告诉妻子，说他会去她的爹妈那里做客。

听说奥克拉会来家里后，奥克拉的岳父就拿起弓箭,到树林里去打猎,准备弄一些肉来招待奥克拉。奥克拉的岳父打死了一只羊,把它拖到家中,剥了皮,取出了内脏,就挂到院子里一堆火上去烤。

就在这时,奥克拉来到了岳父家中,他刚一看到火上烤着的肉,马上就流出了口水。到了晚上,大家都到屋子里睡觉去了,而奥克拉却翻来覆去地睡不着。他闻到了火上烤着的羊肉的味道。

他小心翼翼地起床,走出屋子,到了火堆跟前,瞧了瞧肉。他看见了滴到火上的油。他拼命忍住,回到了屋里,又躺下,然后他又起来,出去敲了敲肉。然后再次回到屋里躺下,闭上眼睛。没过多久,他又爬起来,走到火堆边,瞧了瞧那块烤得油乎乎的肉。他用舌尖舔了舔滴到炭上的油,并且小心地用门牙咬下了一小块肉。由于实在忍耐不住,就把这小块肉嚼掉了。接着又撕下一块肉,然后又是一小块。最后忍不住扒住羊,大吃特吃起来,直到把那只羊吃了个精光。

他这才心满意足地回到屋里,舒舒服服地睡着了。

早上,奥克拉的妻子出去打扫院子,看到羊肉整个不翼而飞,只剩下骨架,就叫喊了起来:"羊肉怎么不见了?谁把羊给吃掉了?"

奥克拉醒了过来,听到妻子的叫喊声,想到半夜自己吃的羊肉，就羞愧起来。更让他羞愧的是，这只羊的肉被他自己整个吃掉了。因为不敢面对妻子和岳父，他偷偷摸摸地跑出了城，回到了自己村里。

村里人看到奥克拉又回来了，都问他："你怎么在这儿，你不是在岳父家大吃大喝吗？"

奥克拉内疚得很，他说出了实话，向大家伙儿寻求帮助："我昨天到了那里，但是昨夜我把岳父准备的一整只羊全部吃掉了，我感到十分惭愧。我想要改掉自己这个偷窃的毛病。"

大家伙们听到了，就七嘴八舌地给他出主意："你去找兔子阿丹科吧。他对治疗你这种疾病十分有方法。"

奥克拉找到了兔子，恳求道："阿丹科，请帮帮我的忙。我是一个惯偷。我只要看到肉，就再也控制不住自己，不管肉是谁的，我都要想尽办法把它吃掉才舒服，不然我觉都睡不好。有人跟我说，你能够治疗这种病症，请治好我吧。"

阿丹科说："我能够治好你的病，但是需要制作一种药。而这个药需要用到野猪肉。"

奥克拉说："没有问题，我去猎一只野猪来。"

奥克拉出去转悠了很久，终于费了很大力气打死一只野猪，交给了阿丹科。兔子把所有野猪肉都切了下来，用大葱、香草、胡椒腌好，就放在大锅中煮了起来。兔子对奥克拉说："只要等野猪肉烧好，我就能用这个野猪肉做成灵验的药剂，治好你的偷盗病。"

奥克拉坐在大锅边看守，他闻到了野猪肉慢慢烧熟的味道。到了夜晚，阿丹科说："你快去睡觉吧，睡一觉起来，这个野猪肉就能用了。"

奥克拉走到屋子里躺了下来，兔子也睡下来了。阿丹科很快就进入了梦乡，打起了鼾。可是奥克拉怎么也睡不着，野猪肉烧着的"咕咕"声和飘进来的香味，让他头昏脑涨，身体到处都不舒服，于是他下了床。

他来到兔子旁边，唤醒了兔子，对他说："阿丹科，阿丹科，你们村子里老鼠是不是很多，万一老鼠把野猪肉吃掉就全完了。最好我来看着野猪肉，会比较安全一点。"

"嗯，那你看守野猪肉吧。"阿丹科说，"在我看来没有什么区别，肉很安全。但是如果你想看着野猪肉，那就最好。只要等明天肉烧好了，我就能拿它给你做药了。"

奥克拉走出屋子，把锅子里的肉取了出来，放在了自己的床边。但是他依然心烦意乱，他又叫醒了兔子："阿丹科，阿丹科，不好了，老鼠已经来屋子里了，正在到处找野猪肉吃呢。要不我把肉放在枕头下面吧！"

阿丹科被再次吵醒，非常生气："你干吗老是吵醒我，你想怎么办就怎么办吧，只要明天肉还在，我能用它替你制药就行了。"

奥克拉把肉放在枕头下面，眼睛闭了起来，开始睡觉。可是他仍然没有睡着，他嗅到了枕头下面的肉香味。

接着，他又小声喊兔子："阿丹科，阿丹科，老鼠爬到我枕头这边儿了，野猪肉太不安全了，我把肉拿在手里，站在屋子中间，一直站到早上吧，这样才安全。"

"你想站着就站着吧，"兔子不耐烦地回答道，"把肉放在手里，在屋子里站到早上。对我来说都一样，只要明天有野猪肉给我制药就成了。"

于是奥克拉拿起肉，站在屋子中间，就这样站了很久。

可是野猪肉的油脂顺着手"滴滴答答"往下淌，他抬起手开始吮吸肉汁。他尝了好几口肉汁，他舔了又舔，又开始唤醒兔子："阿丹科，大事不好了，老鼠就在这里，在我身上跑，大概，我最好把肉放在嘴里。"

阿丹科总是被奥克拉打扰睡觉，很不高兴，说道："那你就把肉放在嘴里好啦。"

奥克拉拿起肉来，紧紧地用牙齿咬住。

就这样，他把肉含在嘴里，开始在屋里走来走去，一边开始吸溜口水，一边摇着尾巴。走来走去，突然，奥克拉使劲大喊起来："阿丹科！算我欠你的肉钱吧！"

"不不，"兔子说，"这些野猪肉是很重要的，要拿来治你的病，只要等到天亮，我就能用这个野猪肉制药，治疗你的偷盗病了。"

可是，奥克拉难受极了，实在无法忍耐。他先开始咀嚼一小块肉，然后又开始嚼另一块较大的肉。最后，他把嘴里所有的肉都吃掉了。

吃完野猪肉后，他感到睡意袭来，于是心满意足地睡觉去了，睡得十分香甜。

等天亮了，兔子起来了，他把奥克拉摇醒："奥克拉，野猪肉呢，用来制药的野猪肉呢？"

"啊呀，阿丹科，我说过我欠你的肉钱了！"

"为什么呢？"兔子问道。

"因为昨天有老鼠一直在追着我，要吃我手里的肉。我看实在没有办法，把肉放到了嘴里。可是老鼠还要跑到我嘴里，我就只好把肉吃掉了。"

于是，兔子遗憾地说："既然你把野猪肉吃掉了，我也不能制作治疗偷窃病的药了，你的病我没有办法治疗了。"

所以，直到现在，狗都需要偷肉吃，至今没有改掉这个毛病。

应得的报答

　　所有动物都知道，蜘蛛非常能吃，他每天需要吃很多东西，才能满足自己的口腹之欲。而且，他还贪得无厌，同时非常吝啬，总想得到那些不属于他的东西，而自己的那份，总是牢牢地抓在手里，从来不会轻易给予旁人。因此，大家都不喜欢与蜘蛛做朋友。

　　有一天，一个异乡客来到了蜘蛛家附近，这是一只乌龟，他长途跋涉了很久。他已经在烈日下走得精疲力竭了，又倦又饿。蜘蛛看到了乌龟，只好把乌龟请到自己家中。虽然蜘蛛很不乐意，但是如果他不好好招待这位可怜的异乡客，周围的邻居们知道了，就会更加讨厌他。所以蜘蛛不得不做出殷勤招待的姿态，拿出一些吃食，来款待乌龟。但是他并不想真的损失什么，于是，他对乌龟说："我家附近有条小河，那儿可以洗脚。你沿着小路到河边去吧，我来准备些吃的。"

乌龟非常感激蜘蛛，于是转身带着水罐向河水边走去。尽管他已经很累了，但是他还是尽力走得快一点儿，一瘸一拐地来到河边，仔细地用水罐将自己的脚洗了洗。然后爬上小路，一瘸一拐地回到蜘蛛家里。但是小路上也有很多的灰尘，等到乌龟来到蜘蛛家时，他的脚又沾上了一些污渍。

这时，蜘蛛已经把食物拿到桌子上去了。食物冒着热气，香味扑鼻，乌龟非常饿，闻到这个味道，就更饿了。他流出了口水。

蜘蛛很不满意地瞧了瞧乌龟的脚。

"你的脚很脏，"蜘蛛说，"在吃饭之前，你愿不愿意洗一下脚？"

乌龟看了看他的脚，上面的污渍让他有些难堪，他很害臊。他只好又转身往河边走去。

他再次来到河边，这次他更加认真地洗了洗自己的脚。然后回到蜘蛛的屋子那里。

乌龟爬动是非常不容易的，更不用说现在他又累又饿，当他来到蜘蛛的桌子前时，蜘蛛已经开始大口吃起了食物。

"东西真好吃啊，是吗？"说着，蜘蛛又不屑地瞅了瞅乌龟，并且继续说道：

"嗯……乌龟，难道你真的不准备将你的脏脚洗洗干净吗？"

乌龟看了看自己的脚，他因为太着急，走路带动了路上的尘土，因此他的脚上又有灰尘了。

但是他也有一丝不满："我已经洗过脚了，两次，"他说，"这是因为你家小路上的灰尘太多了。使我的脚从干净的样子又变成了这样。"

"呵，你现在还要侮辱我的家吗？你这个乌龟。"蜘蛛嘴里塞满了食物，假装非常生气的样子。

"我并没有侮辱你的家，"乌龟闻了闻食物诱人的香味，"我只是在说明这是怎么一回事。"

"那好，你再去洗一次，咱俩就吃饭。"

乌龟左右看了看，又看了看桌上的食物。食物已经被吃掉了一半，而且蜘蛛还在把剩下的食物往嘴里塞。

乌龟一转身，又拖着沉重的步伐向河边走去，他拿着罐子舀起水泼在自己的脚上，然后往回走。这次他没有走小路，而是穿过灌木丛，在浓密的草上走。这样会花费更多的时间，但是脚上不会沾上灰尘。

他走到房子那里的时候，看见蜘蛛正在满意地舔嘴。

"嗨，你看我们吃得多满足，多开心。"蜘蛛说。

乌龟看了看盘子，里面已经什么都不剩了。甚至连味道也没有了。乌龟饿极了，但是什么也没有说。他只是微笑着。

"是啊，我们吃得真开心。"乌龟说，"你对路过的外乡客是非常善良且仁慈的，如果你有机会莅临寒舍，我也会招待你。"

"你真是太好了，但是算啦。"蜘蛛说，"这都是小意思。"

乌龟离开了。关于蜘蛛是如何款待他的，他没有对任何人说。

过了好几个月，蜘蛛也离开家乡，来到了乌龟住的地方。他在湖边看见了乌龟，乌龟正在那晒太阳。

"嘿，乌龟。真高兴又遇见你了。"蜘蛛说。

"蜘蛛，朋友！你离开家乡这么远啊，"乌龟说，"你一定很饿很渴了吧。"

"是的，我很饿很渴。"蜘蛛舔了舔嘴巴，"一个人远离家乡的时候，是很容易累的。而且一个人应该因为他过去的慷慨得到回报。"

"你在这里等一下，我去湖里给你准备一些吃的。"乌龟说。

蜘蛛很开心地蹲守在湖边，很快他就要有吃的了。

乌龟潜入了水里，在那里准备吃的，他从湖边滑到岸边，浮出水面，向焦急等待他的蜘蛛说："一切准备停当，吃的准备好了，蜘蛛，我的朋友，咱们下去开饭吧！"

接着，乌龟又潜入了水底。

蜘蛛饿极了，他跳到水里，可是他的身体很轻，只是在水面游来游去，他扑腾着脚，始终潜不下去。

蜘蛛在水面白费了很多功夫，一直在试图像乌龟那样潜入水底，但是一直徒劳无功。乌龟已经在水底开始吃饭了！

不一会儿，乌龟浮出水面，他舔着嘴巴，说："出什么事了我的朋友，难道你不想吃饭吗？食物很香，快来吧。"说完再次消失在水底。

蜘蛛又拼命尝试潜入水中，可是还是像之前一样，又上浮了起来。终于，他想到一个很好的主意。他回到岸边，捡了一些石子，把它们放进自己的口袋里，那些石子的重量让蜘蛛一下子变得很重，他勉强能动弹。

这样，等他重新跳入水中的时候，他一下子就潜入了水底。乌龟正坐在那里，食物已经吃了一半。蜘蛛非常饥饿，看到那么多的食物，忍不住动手要去拿那些食物。

这时，乌龟彬彬有礼地说道："对不起，我的朋友！我家不兴穿着衣服吃饭，你把衣服脱掉，我们一起来吃饭。"

乌龟嘴里吃着满满的食物，嚼得汁水四溢，香气扑鼻，蜘蛛非常难受。没过一会儿，乌龟就把东西吃得只剩一点儿了。蜘蛛脱下衣服，刚想向食物伸出手，可是身上的石子跟随衣服一起脱掉了。他变得很轻，急速浮向水面。

所以，常言道："要想吃别人的东西，就得先给别人吃。"

吃人的怪物和勇敢的孩子

某地有一个可怕的怪物，他专门吃人，而且他长得十分巨大，那里的人都十分惧怕他。

有一次，这个怪物一下子吃掉了许多人、许多牲畜，他以为已经把所有能吃的都吃掉了。

可是实际上却有一个妇人带着她的儿子躲在山洞里，逃过了这次劫难。当那个怪物离开的时候，娘儿俩就悄悄地回到家中，把剩下的粮食拿出来烧着吃。就这样，他们在山洞里活了下来，她的儿子也慢慢长大了。妇人嘱咐她的儿子说："我的孩子，你千万不能一个人出去。外面那个吃人的怪物，吃掉了村里几乎所有的人，现在只剩下我们两个了。"

小男孩刚做了一把弓、好多箭，他用石块把箭头磨了又磨，对他的妈妈说："我带上这把弓，出去走走，如果遇到那个怪物，我就用箭射他的眼睛。"

妇人实在劝不动她的儿子，就让她的儿子离开了。没过多久，小男孩回来了，抓着一只小鸟，他问他的妈妈：

　　"吃人的怪兽是它吗？"

　　"不是。"

　　第二天，他又出去了，带上了他的弓和箭。回来的时候，手上抓着一只兔子，他问："吃人的怪兽是它吗？"

　　"不是。"

　　过了一天，他打到一只羚羊，心想，这总该是那个吃人的怪兽了吧。于是把羚羊背到他的妈妈面前，问：

　　"那个把村里人吃光的怪兽，是不是就是它，你看它的角又尖又长，可以轻易把人捅死。"

　　"也不是它，我的孩子。不过这只羚羊对我们来说是有用的，我们可以拿来烧熟了吃。"

　　从此，他每天都走出山洞打猎，他的弓箭使得越来越顺手，总能打到各种各样的动物。每天他都会问他的妈妈：

　　"吃人的野兽是它吗？"可是从来没有得到肯定的回答。

　　"别老是问那个怪物的事情了，他已经把村里所有人都吃掉了，这里只剩下你跟我，我们把日子

过好就行了。"妇人总是这样劝说她的儿子。

可是儿子不甘罢休，进山洞取了弓箭和长矛，带着母亲一起爬上一棵高高的树，待在上面。他说："你看我把那只可恶的怪兽引过来，打死他。"

"可别这样，我的孩子，你是斗不过那只怪兽的。"

可男孩偏不，他燃起一个火堆，又敲打树枝，使树枝发出"沙沙"的声音，他扬起动物的羽毛和毛发，把味道播散开来。

那个怪物看到了火堆，又闻到了动物的香味，还听到了"沙沙"的声音，就跑了过来。怪物边跑边说："我还以为我已经把这里的人给吃光了，没想到还留下来一些小零嘴。"

这个时候，男孩跳了出来："是啊，你以为你已经吃光了所有村里的人和动物，现在还想过来把我当零嘴吃掉，是吗？"

怪物来到树下，看到了男孩和他的妈妈。怪物不会爬树，他围着树走来走去，绕了好几圈。他开始摇动这棵粗大的树，一开始，树纹丝不动。过了一会儿，树梢开始晃动起来，又过了一会儿，树干也开始摇动了。怪物心里十分得意，摇得更起劲了。

男孩开始拈弓搭箭，他瞄准怪物的肩膀射了一箭，怪物依然在摇树，树晃动得非常厉害。男孩又朝怪物的后脖颈射了一箭，怪物感到了疼痛，但依然在摇树，他感觉树上的两个人快被他摇下来了。男孩又连连朝怪物的眼睛和脸上射了两箭，怪物很痛，再也摇不动树了。他感觉自己已经免不了一死，就对男孩说："我吃了很多人，等我死了，你把我的小拇指割下，村里从前被我吃掉的牲畜就会从里面跑出来。把我的大拇指割下，那些被我吃掉的人也会从里面跑出来。你把我的脸割开，还会有一个人走出来。"说完这个怪物就死了。

男孩依言把怪物的小拇指、大拇指割掉，又割开了怪物的脸，果然走出了大批的动物和人，最后还从脸上的口子里走出一个人。所有人都回到了自己的村子里，住了下来。他们互相商量道："把我们从怪物肚子里救出来的那个人对我们有救命之恩，我们应该报答他。"

"我们可以推选他为国王。"有人建议道。

"对！我们推选他为国王！"

"我也同意！"

"我同意！"

于是，男孩便成了这些人的国王。

可是那个从怪物脸上走出来的人，却有别的想法，他对别人说："我在怪物的脸上待得好好的，他为什么没有经过我的允许就把我放出来？他必须把我重新放回去。哪里出来的，我就要回哪儿去。"

其余的人都批评他："你怎么能这样说呢？他把你放出来是好心，难道他救了你的命，是他的不对吗？"

已经成为国王的男孩说："别跟他争论，我有办法让他闭嘴。到这个月底，我就有办法了。"

国王种起了烟草，因为他知道那个不满的人喜欢抽烟叶。等到烟叶快能采摘的时候，国王就派人在烟叶的旁边看守。一天中午，那个不满的人来到烟叶旁边，摘下一片烟叶，卷了起来，放在嘴里咀嚼。

这个时候国王出现了，他说："这是我种的烟叶，快把烟叶放回去吧。它原来在哪里，你就把它放到哪里。"

"那我怎么可能做到！"那个人又急又怒，脸气得通红。

国王于是把他带到众人面前，让大家都看看，都发生了什么。

"我的朋友们，这个人摘了我的烟叶，放在嘴里嚼。我不打算惩罚他，我只希望他把烟叶从哪摘的，就放回到哪里。他如果能办到，我就把他放回怪物脸上的伤口里去，因为我是从那里把他救出来的。"

那个人窘迫极了，嚷嚷道："我没有办法让烟叶重新长回去！"

周围围观的人们于是就说道："既然你没有办法把烟叶还回去，你也不能要求国王把你放回到怪物的脸上！"

这个人就放弃了自己不合理的要求，变得十分和气，跟大家好好过起了日子。

大家在国王的管理下，生活得非常愉快，国王也一直以理服人，赢得了人们的尊敬。

哈 琳 达 的 歌 声

太阳从山间升起了，朝阳把金色的光芒洒向大地。叽叽喳喳的小鸟们在树林间跳跃着，它们议论着："你们听，多好听的歌声呀！"它们被远处传来的歌声陶醉了，"声音是那么甜美，但是歌词却很忧伤。"

鸟儿们飞到了王宫所在的小山，看到一位美丽年轻的公主。原来是她在唱歌：

"我一定要去， 一定要去，

一定要到大蛇的洞穴里去……"

鸟儿们问这个忧伤的公主："你的眼睛像钻石一样迷人，你的嘴唇像玫瑰一样红润，你的皮肤像牛奶一样光滑，你为什么还会这么悲伤呢？"

悲伤的公主告诉小鸟："我叫哈琳达，我的父王得了重病，巫医说只有岩洞中的大蛇才能治好父王的病。可是我的几个兄弟都去过了，他们都失败了。现在该轮到我去了。"

小鸟们对她说："可是你试过别的办法没有，也许还有别的办法能治好国王的病。"

"什么法子我们都试过了，"公主泪眼婆娑，看了看鸟儿，"父王去年冬天就病倒了。全国各地的医生试过了各种办法，但是都没有效果。"

"大蛇真的这么难对付吗？"小鸟们问道。

"我的三个哥哥都是顶顶厉害的勇士，他们从家里出发的时候都信誓旦旦，一定能从大蛇身边取出药。可是等他们回来的时候，看起来像是遭遇了最恐怖的挫折，谁也不愿意告诉我发生了什么。"

"既然你的哥哥们都没有办法，你怎么敢去大蛇的洞穴呢？万一丢掉了性命怎么办？"小鸟们很为善良的哈琳达担心。

"我相信爱是最伟大的力量。"哈琳达擦干眼泪，说道。

她说完便上路了，她在森林里穿行了很久。她为了给自己打气，便一路走一路唱着歌。小鸟们一直跟着哈琳达，帮助她寻找最安全的小路，让她避开猎人的陷阱；又告诉哈琳达哪里有泉水和浆果，可以让她保持体力。哈琳达十分感激这些小鸟，在这些小鸟的陪伴下，她变得更加勇敢坚定了。

当她走到大蛇的岩洞面前时，已经是正午了。但是幽闭的森林里还是透不下一点太阳。在黑黢黢的山洞前，哈琳达定了定神，用礼貌的声音向岩洞里面打招呼：

"伟大的大蛇，您好！"

一个巨大蛇头从岩洞中探了出来，巨蛇的"嘶嘶"声吓走了陪伴哈琳达的小鸟，但是哈琳达却一动不动，依然站在岩洞前，保持着礼貌。

巨蛇张开血盆大口，说话了："你是谁，为什么要来打扰我睡午觉，你知道打扰我睡觉的下场是什么吗？"

哈琳达看到巨蛇的獠牙和深不见底的喉咙，害怕得快要晕倒了，但是她竭力不表现出来，她说："我是远处王国的公主哈琳达，我的父王得了重病，只有您才能治好他的病，我是来请求您，请您治好他的。除了伟大的大蛇您，谁也不能治好我父王的顽疾。"

大蛇露出了一丝微笑："瞧一瞧你身边的脚印，这些脚印的主人都是七尺大汉，他们看到我就吓得屁滚尿流，跑得头也不回。你内心也很想逃跑吧！"

"并不是这样子，"哈琳达说，"虽然我是个姑娘，但是为了父王的病，我可以很勇敢。"

大蛇又露出了微笑，"那你就再走近点，让我缠在你的身上好吗？"

"哈琳达！哈琳达！"一直在远远监视着大蛇的小鸟开始叫嚷起来，"千万不能让大蛇缠住你，蛇就是用这个法子吃掉那些动物的！"

可是一心为了父王康复的哈琳达，管不了那么多，她迈开步子，走近大蛇。

"你要一直站着，好让我缠在你的身上！"大蛇说道。

"哈琳达！哈琳达！赶快逃跑吧！这条大蛇诡计多端，他一定是要吃掉你！"小鸟们大喊道："哈琳达，快逃跑吧！别让大蛇把你小小的身子压扁！"

当大蛇冰冷的身体缠绕上哈琳达的时候，她不禁哆嗦了起来，可是她仍然站着，笔直笔直的。当大蛇慢慢缠绕在她的全身时，哈琳达就只剩下头和脚露在外面。

"唱吧！"大蛇说，"就像你来这里的时候，唱起来吧！"

于是，哈琳达又唱起歌来。她带着缠在她身上的大蛇，慢慢地走回她父王的宫殿。鸟儿们在她的周围飞舞，准备一旦大蛇攻击公主，就扑上去啄大蛇的眼睛。它们很替哈琳达担心，时时刻刻都在注视着哈琳达。

哈琳达穿过了森林，来到了有很多人在耕种的农田。她的样子把大家都吓坏了。

"向这边走来的那个人是谁？！"大家一边问，一边拔腿就跑，"为什么我们敬爱的哈琳达公主变成了一条大蛇？"人们纷纷逃进了自己家中，只露出脑袋向外张望。人们呼唤王宫的卫兵出来捉住这个变成哈琳达公主的妖怪，但是王宫的卫兵们也因为恐惧，只敢远远地躲在石墙后面往外瞧。

"我是哈琳达——"勇敢的公主大声喊道，"我把大蛇带回来治疗父王的病了。"

卫兵们根本不理睬这种荒诞的话，他们跑进王宫，跟哈琳达的母亲说：

"王后，您快躲起来吧，大蛇变成哈琳达公主的样子，往王宫这里走来了。"

被惊吓的卫兵们没有拦住哈琳达和大蛇，哈琳达身上缠着蛇径直走进了王宫。

大蛇从哈琳达身上爬了下来，说道："烧一堆火，我要给你的父王调药。"

哈琳达不顾自己的疲惫，立刻给大蛇生起了一堆火，于是大蛇就在火上调了一副药。哈琳达把大蛇调好的药捧给父王，父王吃下了药，过了一小时，他就从床上霍然爬了起来。人们听说国王的病好了，都从自己家里走出来，同哈琳达的母亲一起去感谢大蛇。男人们给大蛇打来了一堆动物，女人们把那些猎物做成食物，让大蛇吃了一顿丰盛的午餐，

"留在这里给我们当医生吧！"人们对大蛇说。

"我可不想和人类居住在一起，"他说，"这姑娘必须把我带回我的岩洞里去。"大蛇用尾巴指了指哈琳达。

哈琳达再一次站着，让大蛇缠满她的身体，然后带着大蛇往岩洞走去。

"这一次大蛇一定会把她吃掉。"人们在后面看着哈琳达带着大蛇的奇怪身影，窃窃私语。

"唱一唱歌吧！"大蛇对哈琳达说。

于是哈琳达唱起了平时玩耍时会唱的歌，这个歌要欢快许多。歌声极为优美。她一路走，一路不停地唱着。小鸟们从远处听到哈琳达的歌声，又远远地围绕她飞来飞去，因为小鸟们还是很害怕大蛇。

"你还是一个小孩。"大蛇说，"你应该在你的母亲身边玩耍，不该跑来带一条大蛇回去！瞧，我们已经到了我的洞穴。"

"我感谢你的歌声！"大蛇说，"请到我的洞里待一会儿吧！"

"哈琳达！别进去！"一只胆大的小鸟冲哈琳达叫道，"别忘了，大蛇是一只吃人的野兽！"

但哈琳达并不害怕，她勇敢地跟着大蛇走进岩洞。突然，她大吃一惊，脚突然便走不动了。原来，洞里堆着许多光彩夺目的宝石。这些宝石有些是璀璨的绿色，有的是艳丽的红色，还有的是纯净的透明色，看起来漂亮极了。

"你喜欢什么就拿什么吧。"大蛇说，"我所有的东西都是属于你的。"

"我只想拿一件礼物。"哈琳达说，"不过必须您亲自把它给我。"

大蛇爬进宝石堆中，咬起了一条绿宝石项链，送到哈琳达面前。

"这是一串月亮宝石项链，它非常衬你的皮肤。不错，它是我的祖先留下来的，哈琳达，你把它带上，我用这件礼物来报答你的歌声。"

"大蛇，伟大的大蛇，我十分感谢你！"她把项链戴在脖子上走出了山洞。

哈琳达回到村子的时候，所有人都又惊讶又高兴。她的母亲喊道："我想不到还能再见到你！"

"大蛇对我可好了！"哈琳达对母亲说，"他不仅没有伤害我，还给了我这些美丽的宝石。他的洞里还有许多这样的财宝。"她一五一十地把她的经历说给了母亲和哥哥们听。没想到，她的哥哥们听到大蛇的洞里有很多财宝后，眼神都变得贪婪起来。

"傻姑娘！你为什么才拿这一点点的东西！你应该把所有的财宝都拿回来！"一个兄弟大喊道。

"今晚我们就到那个大蛇的洞里，"另一个兄弟已经有了主意，"我们一起去，把那条蛇杀死，把他所有的财宝都拿走！"

"你们竟然想杀死救了我们父王的大蛇！"哈琳达不可置信，她气得声音都发颤了，"你们就算带上一千个士兵也杀不死大蛇。"

"那么，你就把那条项链给我们，反正你拿着也没有什么用！"第三个哥哥说。他突然伸出手，要夺走他妹妹的项链。哈琳达吓坏了，拼命捂住自己的项链。

国王听到争吵的声音，走了过来。

"你们在争吵什么？"国王说，"你们都过来，我来听听你们的理由。"

三个王子和公主都站在了国王面前。

"是哈琳达挑起这个争吵的，都是因为她！"一个兄弟说。

"那个蛇洞里的财宝比王宫里的都多，而这个愚蠢的女人，竟然只拿了最小的一个。"另一个兄弟大声说。

"我们只不过想要看看哈琳达的项链，哈琳达就疯了，再也不认我们这些当哥哥的。"最后一个兄弟说。

国王心里明白了发生了什么，"可怜的哈琳达。"

国王心里想。

"召开大臣会议，我有事情要宣布！"国王说，他已经下定了决心。

等到大臣们到齐，国王便开口说道："在这里所有的人都是见证，我的三个儿子没有一个中用的，反而是唯一的女儿，还是个可造之才。如今三个儿子已经腐坏得跟烂木材一样了，我要把他们驱逐出我的王国。"

参加会议的人们一片喧哗，人们都支持国王的决定，并纷纷鼓起掌来。

"等到我死了，我的王位就交给哈琳达。"国王最后说。人们再次不约而同地鼓起掌来，因为他们都看见过哈琳达带着大蛇为她父王治病的样子，他们都认为哈琳达比他们任何一个人都勇敢，她配得上这个王位。

四年后，国王病死了，哈琳达成为女王。当哈琳达的哥哥们在王国外听到这个消息的时候，他们聚到一起，决定合作，从年轻的哈琳达手里夺走本该属于他们的王位。他们集合了一支部队。

哈琳达听说这件事后，就把她的军队统帅叫了过来。

她对军队统帅说："我们并不愿意打仗！我们喜欢和平的生活，喜欢宁静的日子。但是我的兄弟们如今在王国外聚集了一支部队，准备攻打我们的王国，我们现在必须要准备反抗了。"

士兵们为他们的女王鼓掌，他们都操练了起来，准备一场硬仗。突然，人们听到一阵震耳欲聋的喧闹声。哈琳达站在城墙上向外眺望，只见一支浩浩荡荡的军队向王宫走来。这支军队不仅人数众多，而且装备精良，太阳把士兵手里的兵器照得闪闪发亮，晃花了大家的眼睛。他们的人数成千上万，走得越来越近了。

人们开始惊慌失措了："我们完了，我们完了！我们怎么能同这样一支军队打仗呢？"

但是哈琳达仔细辨认过这支军队后，跟大家说道："这支军队的统帅并不是我的兄弟们。"

听到哈琳达这么说，人们这才看见，一位骑着马走在军队最前面的年轻人，并不是被驱逐的王子中的一个。他穿着华丽的衣服，脖子上挂着一串绿色的宝石项链。他身后的士兵们边走边大声说："我们是为和平而来，我们是为帮助哈琳达女王而来。"

哈琳达听见这些士兵的喊声，就带领卫兵们出城门迎接这支奇怪的军队。

"你是谁？你从哪里来？"哈琳达对军队正前方的年轻人说。

"哈琳达，你不认识我了吗？"年轻人笑了笑，接着，就把他胸前的绿色宝石项链给哈琳达看。"你看，这是跟你的绿色项链一模一样的。我就是你曾经请过的那个医生，我过来给你的父王治过病。我为了找一个真诚而勇敢的姑娘当妻子，因此变成了一条大蛇。哈琳达，你曾经用优美而甜蜜的歌声征服我的心。现在，我请求你当我的妻子，这样，我所有的士兵都将为你作战。"

哈琳达非常幸福且高兴地答应了这个年轻人。这时，她已经不用再召集她的军队了，因为她兄弟们的军队，已经在看到这支蛇医生的军队时不战而败了。

哈琳达的人民都十分高兴，他们为了庆祝哈琳达和那位年轻人，在草地上击起了鼓，唱起了歌，又唱又跳，热闹极了。鸟儿们也飞过来了，加入了人群的狂欢。

不久，这对年轻人就结了婚，蛇医生当了国王。他对人民非常仁慈，因此人民也非常爱戴他。

这位年轻人永远忘不了住在岩洞时，哈琳达过来求医，给他唱的那些歌。国王常常对他的王后说："哈琳达，唱支歌吧，就像当年你唱给我听的那样。"

于是，哈琳达唱起动听的歌来，她一唱歌，就招来五颜六色的鸟儿围绕她，她动人的歌声传播在山岗和树林里。人们听到她的歌声后，都不自觉停

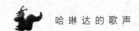

下了手上的事情，专心地听她的歌声。晚上，母亲们把哈琳达和蛇医生的故事讲给她们的孩子听，而孩子们长大了，又把哈琳达的故事讲给他们的孩子听，因此，哈琳达和她的歌声的故事一直流传到现在。

蛇 魔

　　一个樵夫和他的妻子有两个孩子，一个是儿子，另一个是女儿。

　　女儿长得非常美丽，并且有着一副善良的心肠。可是他们的儿子却性格粗野，并且十分自私，从来不听父母的话。他们一家住在一个舒适的村子里。多年来，樵夫靠打柴挣了不少钱，全家的人都过得很舒服，他们很少挨饿。时光流逝，樵夫越来越老了。有一天他干活回来，躺在屋里的床上，什么也不想吃。几小时之后家里人就发现，樵夫已经撑不住了，他已经走到了生命的尽头。樵夫用颤抖的声音喊道："我的孩子们，到这儿来。"兄妹俩现在已经长大了，他们来到樵夫的床前跪下。老樵夫对儿子说："我马上就要死了。我死以后，你愿得到我的财产呢，还是我的祝福呢？这两样里你只能挑一个。"

儿子毫不犹豫地回答道："我希望得到你的财产。"然后父亲向女儿问了同样的问题，她回答道："爸爸，我宁愿得到你的祝福。"他把手放在她头上，祝福了她，就倒在枕头上去世了。

　　家人悲痛了好几天。举行葬礼之后，母亲也得了病，没多久就死去了。于是现在就只剩兄妹俩孤零零地留在世上。过了几天，哥哥来到妹妹住的地方，凶狠地对妹妹说："父母当初留下来的一切东西，现在全归我了。你必须把它们通通交出来，堆在屋外，我要把它们搬到我自己的家里去。"

　　妹妹只得照她兄弟的吩咐办了。哥哥带来一些搬运的人，把所有的东西——家具、打猎的工具、生活用品统统拉走，一件也没留给自己的妹妹。站在旁边围观的村里人看到屋子已经完全空荡荡的了，就劝这个哥哥说："你一定要给你妹妹留下点儿东西呀，她在空荡荡的屋子里怎么能活下去呀。"

　　有些人从小就了解这个哥哥的为人，开始对他嚷嚷，骂他财迷。最后为了平息众怒，哥哥给了妹妹一个做饭用的小罐、一个臼和一个杵，还怨恨地说："当初父亲问我们要什么的时候，我要财产，她只要祝福，所以，现在我父母的任何财产都没她的份儿。你们既然这样纠缠我，我就施舍她这三样东西，这样她就不会挨饿了。"他带着搬运的人回家，撇下了他的妹妹，没有吃的、没有用的，根本不管她怎么活下去。

邻居们很替这姑娘担心，但他们大多数人也都很穷，帮不上她什么忙。他们向姑娘借臼和杵用，再给她一些粮食作为报酬，使她不至于饿死。尽管如此，她常常感到饥饿。为了活命，她甚至趴在她小屋的地板上、房间角落里仔细寻找，看看她哥哥是不是有什么东西忘了带走，她好拿来卖点儿钱，但她只找到一颗大南瓜子。她决定把它种在屋后边。很快，南瓜藤就长得又粗又壮，上面开了很多南瓜花，结出了一些小南瓜。

这时，她哥哥打听到，妹妹把他极不情愿留下的臼和杵借给邻居用，作为报答，邻居给她食物，好让她不至于饿死。她就这样靠邻居这点食物维持生活。他叫嚷起来："我要是知道她会用这办法得到好处，我就什么也不给她留下。"一天晚上，他径直朝妹妹家走去，拿起臼和杵、做饭用的小罐就走，一句话也没有讲。

可怜的姑娘绝望了，这下她的家里什么也没有了。她一整夜翻来覆去，不知道以后该怎么活下去。最后，她想起了屋子后面种着的南瓜。天刚亮，她就走出门，去她种南瓜的地方瞧瞧，发现原来还是小个头的南瓜，现在已经变成金黄色，而且长得非常大，果实很饱满，她从来没有见过这么漂亮的南瓜。她高兴极了。"我的运气真好！"她高兴地叫起来。她摘下几个最大的南瓜，先把自己的肚子填饱了，把剩下的南瓜拿到集市上卖了个好价钱。

当人们吃到这个姑娘卖的南瓜的时候，发现这个南瓜的味道是如此的香甜，感到十分惊讶，马上又来找她买更多的南瓜。这样一传十十传百，大家都知道这个姑娘在卖很好吃的南瓜，她的南瓜变得奇货可居。每天，姑娘都要摘下一大堆南瓜去卖。奇怪的是，每到第二天的早上，姑娘总是发现又有好多南瓜成熟，可以拿到市集上去卖。

这样过了几个星期，姑娘攒了不少钱，她买张小床，添置了一些常用品，把家里布置一新。同时，她还在储藏室里存满了麦子，以便旱季缺粮时充饥。

有一天，她的嫂子派仆人来向她买已经闻名全国的南瓜。妹妹知道这是她哥哥家的仆人之后，就免费给了那个仆人一个南瓜。妹妹怎么可以向哥哥要瓜钱呢。那个仆人自然很高兴。不久，妹妹因为卖南瓜赚了很多钱的消息，传到了自私的哥哥耳里，听到他妹妹靠卖瓜挣了好多钱，家里的南瓜多得可以把南瓜送人。哥哥气得鼻子都歪了，他暴跳如雷地对他老婆说："明天早上我就去她家，把她的瓜秧拔了。她为什么该卖瓜发财呢？她不是要祝福，不要财富吗，我一定要让她只能得到祝福。"第二天一大早，他大步走到妹妹屋前，在门口大声喊叫道："喂，告诉我，你的南瓜种在哪儿？"

"你问它干吗呀？"妹妹问道，"它在屋后的水井那儿。"她便跑出屋来站在瓜秧旁边。南瓜的瓜秧上长着绿叶，结着满满的南瓜。

她担心哥哥毁掉南瓜，果然他打算这样干。哥哥从腰里拔出刀子，嚷嚷说："我要把南瓜秧砍掉，连根拔出来，你无权在你院子里种这么好的瓜。"

姑娘用右手抓住瓜秧叫喊道："你想毁掉我的瓜，你不能干这种事，因为我绝不松手！"

哥哥面色铁青，冲向他妹妹保护着的南瓜藤，挥刀砍去，姑娘没来得及躲开，他不但砍掉了瓜秧，连她的手也从腕子上砍掉了！姑娘吓得大叫起来，她万万没料到，她那自私的哥哥能干出这种事。可她兄弟连头也不回就回家去了。邻居们跑过来救她，帮助她把手腕包扎起来，并且设法安慰她。

妹妹说："我再也不能在这里住下去了，不知道我那可怕的哥哥还会对我做出什么事来。"于是，她躲进森林里去了。一连好几天，她都睡在树丛中。白天，她在森林一面四处搜寻，一面采野果吃。等到她手臂上的伤终于长好的时候，她看见远处有一座繁华的大城市。

她爬到树上找个安全的地方休息，同时思考在自己只有一只手的情况下，如何能够养活自己。她越想越觉得没有可能，于是伤心地痛哭起来，她心里想，也许死还比活着强。

就在这时，她听到了嘈杂的人声，声音越来越近，原来是一群打鸟的人。其中领头的是附近那座城里的王子，但姑娘并不知道这一点。王子带着仆从来到树下，准备躺下休息，他闭上眼睛招呼他的仆从说："咱们歇一会儿吧。休息好了，才能重振精神打猎。"

姑娘坐在树上一动也不敢动，像石头一样，可是她止不住掉眼泪。眼泪滴落在王子身上，王子一下子坐了起来，睁开眼睛叫道："下雨了！好怪呀旱季还会下雨吗？"

一个仆人回答说："并没有下雨，尊敬的殿下。"

别的仆人透过树上的枝叶，望见一望无际的蓝天，说："天上连云都没有，怎么会下雨呢？"

王子对一个最年轻的仆人说："你爬上树去看看。"

仆人十分灵活地爬到树上，撞见正在落泪的姑娘。他愣住了，一句话也讲不出来。他赶忙下到地面上来，站在王子面前，还是说不出话来。

"你怎么啦？"他主人问道，"你究竟看见什么了？怎么吓得变成哑巴了？"最后，仆人才结结巴巴地说："哎呀，殿下，我看见树上有个非常漂亮的姑娘，她哭得特别伤心，准是她的眼泪落到你身上了。"

听到这番话之后，王子非常感兴趣，他抬起身来，要亲自爬到树上去看。他又高兴又惊讶地发现，躲在树上哭泣的这位年轻姑娘的确非常美丽。

"你哭什么啊？" 王子关切地问道。

"我的生活太不幸了！" 她回答，"我忍不住想哭。说来话长，我怕你没时间听我讲。"

这番话让王子的好奇心更大了，他一定要听听姑娘的故事。于是他回答说："跟我回家吧，我带你到我家去。我会非常耐心地听你讲自己的故事，可怜又美丽的姑娘。"

"可是要是我哥哥看见我，他会害我的。"姑娘说，"我还是待在这儿好。"

但是在王子看来，这不过是小事一桩。

他非常自信地对姑娘说："有我跟你在一起，谁也不能伤害你。我美丽的姑娘。"

他把仆从叫来，让他拿出一匹漂亮的蓝白织锦，把姑娘从头到脚遮好，让她坐在车上，就和随从一起回到城里的王宫去了。

等到进了王宫，王子让仆从带姑娘洗了澡，换了一身美丽的衣服，她显得比之前更加美艳动人。

王子越看姑娘越是满心欢喜，决定娶她做他的妻子。他听了她的遭遇，告诉姑娘不必担心，因为她现在在他的王宫里。

"我既然找到了你，我绝对不会让任何人伤害你。我现在就去告诉我父亲，说我要和你结婚。"

于是王子跑去告诉他的父王和母后，他告诉他们自己带回了一位美丽善良的姑娘，想和她结婚。但是国王和王后听说，王子是在森林里发现那位姑娘的，那个时候她正在树林里哭泣，他们都很不高兴。

"她是什么人？"他们问道，"她的父母是干什么的？我们怎么知道她是不是个好姑娘，能够配得上当你的妻子。"

"你们只要瞧瞧她美丽的脸，你们就会明白她是一个善良的姑娘了！"王子这样回答道。他领着国王和王后到姑娘休息的那个房间，姑娘非常礼貌得体地站起来，微笑着迎接他们，看到那位姑娘的那刻，国王和王后都愣了一下。

果然，国王和王后看到姑娘，一下子就喜欢上她了。他们允许了王子和她的婚礼。

不久之后，王宫里举行了一场非常奢华的婚礼，那个国家的人从没有见过如此盛大的晚会。所有参加婚礼的人都为新娘的美丽感到吃惊。但是，在国民中间却流传着流言蜚语，有人说王子娶了一个只有一只手的姑娘，而且谁也不知道她是从哪儿来的，没有人知道这个新娘的出身。但是在那个时候，并没有人多想。

时间过得很快。王子和姑娘非常恩爱，他们生了一个儿子，他们之间的感情就更融洽了。王子是个精力充沛的、关心爱护子民的人。国王让他到王国的偏远地区去做一次长途巡视。这个年轻的丈夫和父亲向他的妻子和孩子在王宫告了别，就出发了，他这一次出去，要花很久的时间，他非常舍不得自己心爱的妻子和孩子。

在这段时间里，姑娘那狠毒的哥哥已经花光了所有父亲留下来的财富，现在差不多变成了一个乞丐。他卖尽了最后一点家产，打算离开村子去流浪，看看能不能靠诈骗傻瓜和妇女，找一条容易挣钱的路子。非常凑巧的是，他来到了他妹妹的城市，这时他还不知道她的情况。哥哥向一个当地人打招呼，问道：“亲爱的朋友，这个城市有什么消息呀？”那个当地人告诉他，这个城市的王子出门去了，只剩下他美丽的独手妻子在宫里。

“我的那个妹妹真是好运气。”哥哥心想，“但是我的运气也不赖。”

过了几天，哥哥得到国王的召见。他借口说知道王子的妻子的真面目，一定要见国王。他对国王说："我来向您讲些事儿，这件事非常重要，会挽救您儿子的生命。我听说他是在一个树林里找到的一个独手的女人，并且把她娶为妻子。但是王子可能不知道，这个看起来很漂亮的女子，其实是个邪恶的女巫，她经过了许多村镇，都被人家赶了出去。她以前结过六次婚，每一次都因她施巫术残忍杀害了她的丈夫，被赶出了城。有一次，作为惩罚她还被砍去了一只手，所以现在这个女子只有一只手。难道您不觉得奇怪吗，一个出身正常的女子会只有一只手吗？难道您愿意等您的儿子巡视回来，也遭到她之前六个悲惨的丈夫那样的命运？您是一个英明的国王，现在杀死她一切都还来得及。"

"老天哪！"国王叹息地说，"她看起来那么美丽、善良，我简直不能相信你的话。""但这一切都是真的。"那家伙喊道，"难道您没听说过，女巫们能随意变换自己的外形，想要多么漂亮就能多漂亮吗，这样她就能不断引诱无辜的男子，成为她的牺牲品。国王，我求求您，为了您的儿子，杀掉这个邪恶的女人，救救您儿子一命吧。"

国王十分着急，把王后招来一起商量。王后很快就相信了那个恶毒的哥哥的话，因为她比她丈夫更害怕巫术！再加上每当她看到美丽的儿媳时，常常感到自卑和嫉妒。

她劝告国王把王子的妻子和他们的孙子除掉。

"我不忍杀死他们，"国王伤心地说，"我把他们赶到城外去好了。"

他命令士兵们立刻把他们赶走。

然后，他赏了那狠毒的哥哥一大笔钱，同时还叫人在城外堆起两堆土，以便他儿子回来时，好有借口说他的妻子和儿子都已经不幸病死了。

做了这个罪恶的勾当，哥哥拿着赏钱的一部分，大摇大摆地在王宫附近买了一栋房屋，然后再用剩下的钱做生意，很快他就成了一个富商，不仅如此，他还得到了国王和王后的重用。

姑娘和她的小儿子到哪儿去了呢？他们被赶到森林里去了。一切都发生得那么突然，除了一个小饭罐，她们什么都没来得及带上，那个小饭罐还是当士兵奉命赶他们走时，她用来喂小孩的碗。可怜的姑娘不知道她做了什么错事，要受到这样的待遇。

士兵队长心里虽有不忍，但是也只能说："国王命令你们马上离开这个城市。如果你敢回来，你和你的儿子全都要被杀死。赶快滚出去！"

她带着她无辜的孩子，落荒而逃。士兵们在背后叫喊，挥舞棍棒追赶他们。她和她的孩子逃啊，逃啊，来到森林深处。到了晚上，就精疲力竭地躺倒在一棵大树下。她整个夜晚躺在那里，听到灌木丛的"沙沙"响声，以及猫头鹰和其它猛禽的尖叫声，感到心惊胆战。但是等到天亮，她却惊讶地发现自己一点儿也没受到伤害，她的小孩坐了起来，好奇地东张西望。

"可我怎么办呢？"她大声问自己，"既没钱，又没食物。我甚至不知道我现在在森林里的什么地方。"就在这时，她的小儿子用胖胖的小手指着草丛，那儿有个什么东西在动。正在她准备带着她的孩子逃跑时，草丛中钻出来了一条蛇，直向孩子爬过来。姑娘吓得张开嘴，还没来得及叫出声时，蛇就讲话了："救救我吧，姑娘。救救我！"他喊，"把我藏在你的罐子里。"

姑娘吓了一跳，她没想到一条蛇竟然会说话。善良又很聪明的她弯下腰来，把罐子放倒，好让蛇能躲藏进去。蛇盘绕在罐子底上，小声嘶嘶地说道："你既然在太阳底下救了我，我也会在大雨里救你的。"

姑娘来不及问这究竟是什么意思，从深草丛里又钻出一条体形巨大的蛇来。这蛇抬起头，像要咬人似的，问她："看见有条蛇过去了吗？"

"看见了。"她指着林子深处回答说。于是，那条巨大的蛇在树木中间穿梭走了。

"那条蛇走了吗？"从饭罐里传出一个声音问。

"已经走了。"她回答说。蛇爬了出来，停在她的脚边，"你别怕！我不会伤害你和你的孩子。"他说，"你能告诉我吗，你们为什么独自到这森林里来？"

"我被人从家里赶了出来。我的丈夫不在家，不能保护我。"她答道，"我没有地方可去，也没有东西可吃。"

"跟我来吧。"蛇说，"到我家去，我设法保护你。这段路还不短呢。我答应过，你从太阳底下救出我，我会在大雨里救你的。现在，我来帮助你，正如你帮了我一样。"姑娘思考了一下，要是独自在森林里待下去，他们母子一定会死掉。于是她站了起来，跟着蛇在森林里穿行。没过多久，他们来到一个宽阔的湖边。蛇说："我家就住在河对面，你带着我游过去，就行了。"

"可是我只有一只手，而且还要抱着我的儿子，我怎么带着你到河对面呢。"姑娘疑惑地问道。

"没事，你就按我说的办。"蛇笃定地说。

姑娘半信半疑地用一只完好的手抱着孩子，然后把蛇放进了自己的衣服口袋。在河里游了起来。游着游着，姑娘发现自己的动作变得协调了起来，她抬起那只没有抱孩子的手臂，惊讶地发现，自己的那只手长了出来。她又惊又喜，她终于又拥有两只手了。

游到了河对岸，就到了蛇居住的地方，这里生活着的全是这条蛇的家族。

在蛇住的地方，姑娘受到了很好的对待，因为她救了这条蛇的性命，因此蛇的整个家族都很感激她，在生活上都十分照顾她和她的儿子。于是她在蛇的居住地度过了一段平静的时间。但是她也不能总是跟蛇住在一块啊。

过了一段时间，姑娘打算带她的儿子再回到人类居住的城市去。她对蛇说："我要离开了，我还是属于人类族群，我要到城市中去。我不能在森林里躲一辈子。"

"如果你要走，我不会拦着你，但是我想告诉你，我很难过。"蛇说，"你去向我的父母告别吧，他们会送你好多宝贵的礼物。不过你不要收下别的，只要我父亲的戒指和我母亲的首饰盒。那么你一辈子都不用愁吃愁穿了。"

果然，当姑娘向蛇的父母告别时，他们拿出非常贵重的衣服、金子、宝石，堆在她面前。

"这么多东西我怎么带啊？"她问道，"你们实在对我太好了，这些你们自己留下吧。但是，我也有自己的请求。蛇爸爸，我只向您要您的戒指。蛇妈妈，我要您的首饰盒。"

两条蛇说："你怎么知道戒指和首饰盒的事情？准是我们的儿子告诉你的吧。不过，你既然救了我们的儿子免于死亡，不管你要什么，都是你应得的。"蛇爸爸把戒指递给她，并告诉她："当你饿的时候，你就跟戒指要食物，它就会给你准备好的。"

蛇妈妈拿出一个小巧迷你但是非常华丽的首饰盒说："你如果需要衣服和房子，只需要告诉盒子，然后打开它，你就能得到你想要的一切。"

"实在太谢谢你们了！"姑娘说着，一面小心地把首饰盒藏在衣服里，把戒指戴在手指上。她抱起孩子，向所有的蛇道别，便离开了蛇的居住地，现在，她有了右手，又有戒指和首饰盒，感到更有勇气，更有信心了。她向她的丈夫所在的城市走去，想看看他是否巡视回来了。

王子果然回来了。他风尘仆仆地回到他的宫殿。当他听父母讲，他的妻子和孩子全都死于疾病，他悲痛欲绝，他来到堆成坟堆的两块土丘前，沉痛地哭了很久。这个打击对他来说太大了，一连好多天，他都待在自己的房间里，不想见任何人，几乎什么也不肯吃。国王和王后非常担心他，怕他忧伤过度而死，但又始终不敢把他妻子的真实情况告诉他，了解内情的仆人也不敢把当时发生的事情告诉他。

"啊！我美丽的妻子。"他哭泣着，"啊！我可爱的儿子！我真不该离开你们！如果我不走的话，我就不会失去你们。这都怪我。"

直到有一天清晨，王子站在窗前，想让早晨的新鲜空气凉爽一下他因为忧伤过度而发烧的身体。忽然他注意到，远处好像一夜之间出现了一栋非常气派的屋子，跟王宫有得一拼。这使他暂时忘了自己的忧伤，他转过身，向给他送早饭的仆人问："是谁在那边盖了房子？我走之前还没有它呢。看上去是一户很富裕的人家。"

"我也说不清它是什么时候盖的。"仆人回答，"昨天我才注意到它。听集市上的人说，那是一个漂亮女人的家，那里只住着她和她的儿子，还有一百个仆人，过着非常奢华的生活。"

也许是一个女人带着儿子让他想到了自己的妻子和儿子。王子突然有了想瞧瞧房屋的念头，这使他从忧伤中恢复过来。

于是，仆人立即跑到国王和王后那儿去报告，说他们的儿子终于从悲痛中缓过来了，现在正准备去拜访那座可以从宫殿窗口看到的漂亮房屋。

当天晚上，太阳快落山，天气凉爽正适合出门的时候，一大群人浩浩荡荡地走出宫门，向那座房子走去。王子在最前边领路，后边跟着国王和王后，还有一大群官员和王室的仆从，无论是谁，都很渴望看看这个一夜之间出现的美丽的房屋。

　　这当然就是在湖水里恢复了右手的那个姑娘的家。她两天前来到了这个城市的郊外，首先向首饰盒要了一座漂亮的房子和美丽的家具，还要了仆人和珠宝。然后向戒指要了最美味的饭菜，不但她和她的小儿子吃饱了，连仆人也一样都有份儿。

　　这个时候，她听到一阵喧闹的声音，好多的脚步声。她赶紧跑到门口去瞧，看到她亲爱的王子，后边是他的父母和一大群兴奋的人，这群人正朝她的房子走来。她赶快吩咐戒指准备一个盛大的筵席，桌上立刻就摆满了山珍海味。她走到门口去迎接她的客人。王子大喊一声，就飞奔过来，和她拥抱了又拥抱，然后他抱起他的小儿子。高兴的王子不敢置信，"亲爱的，是你吗？"他问道，"是我在做梦吗？为什么我父母告诉我，你已经死了。他们甚至让我看了那两座坟堆。你知道当我听到这个消息时，是多么的痛苦吗？你一定要全部告诉我，究竟发生了什么。现在我只相信你。"

　　"亲爱的，快进来吧，你一边吃饭，我一边把真实的情况告诉你。"她回答他。

　　她同时招呼站在门前的那些人。人们不用第二声邀请，都走到里边来了，大家好奇地看上看下。只有国王和王后踌躇不前，很不好意思似的。

国王和王后跟姑娘讲："我们之前以为你是一个女巫。"他们把一个乞丐，是如何信誓旦旦地跟他们讲，他们的儿媳妇是一个女巫，如何杀害了她的六个丈夫的事说了出来。

"我绝对不是女巫。"她惊叫了起来。那个欺骗国王的人一定是我哥哥。她于是跟所有人讲述了好久以前，她的哥哥是怎样砍去她的手，并把她赶出家门的。接着，姑娘告诉了客人们，她和她的儿子被赶出宫殿以后的全部遭遇，她是如何在森林中过夜，如何遇到一条蛇，而那条蛇怎样报答她，让她拥有了现在的房屋和一切。

客人们听到她的哥哥竟然对她做出了这种事情，都不约而同地站起来，义愤填膺地叫喊说："我要杀了那个混蛋哥哥，他根本不配做一个人，更不配拥有你这样妹妹。这种混蛋不配活着，我们要杀了他！"大家气愤极了，都请求让国王下令杀死这个哥哥。

"不，我请求你们，不要杀了他。毕竟他还是我的哥哥，我不能眼睁睁地看他去死。"姑娘请求大家饶了她的哥哥一命。

很快，王子就带着他的妻子和孩子都回到了王宫，长久而幸福地生活在一起。姑娘再也没见到她那狠毒的哥哥。另外，王子下令在这个国家里，任

何人都不得杀蛇,因为他的妻子平安地回到他身边,
完全多亏了蛇的帮助。

仙女弗丽莎和两个小姑娘

有一个人娶了两个妻子，她们每个人都生了一个女儿。后来，小女儿的妈妈死了。爸爸就带了这可怜的孩子到大女儿的妈妈那里去生活，说："从现在起，她就和你们在一起过日子了。"但是这个妻子心肠很坏，因为小女儿并不是她自己生的，而且家里多了一个人，就多了一张吃饭的嘴。她的心里全是怨恨，她经常把气撒在这个孩子身上，常常欺负她。

有一天，她派两个孩子到小河边去打水，可是给的工具却不一样：给她亲生女儿的是一个研钵，给小女儿的却是个筛子。她的亲生女儿很容易地打了水回家去了；而那个苦命的没妈的孩子把筛子放到水里，提起来时，水就全漏光了。打了多少回，一滴水也打不起来；直到累得筋疲力尽。她太累了，手一松，筛子就掉到河里，被水冲走了，越来越远。她不但没打到水，连盛水的东西也丢了。空着一双手怎么回去见这位新妈妈呢？她一想到这里就非常害怕，于是顺着小河去追那个筛子。追着追着，看见迎面来了一个人，她就仿佛抓住了救命稻草一样，请求他："请你帮我把筛子打捞起来吧，谢谢你。"

"来，你先给我洗洗衣服，捉捉头虱，剃剃头，刮刮胡子，然后我再去捞筛子。"那个人说。

小女孩就给他把衣服洗了，头虱捉了，头给剃了，等这些活儿全部干完，那人指指前面说："你看！那边来人了，你去求求他，他会帮你从小河里捞起筛子来的。"

于是她就去求那新来的人。可是那个人也叫她干活，但是活干完了仍然不帮忙，又让她去找别人。一连求了七个人，个个都是这样。第七个人最后对她说："你去敲这个人家的门。一边敲，一边喊：'哦！弗丽莎！我找你来了。'"

小姑娘听了他的话，就去敲那个人家的门。并照着第七个人跟她说的那样，边敲门边说道："哦！弗丽莎！我找你来了。"

弗丽莎到了门口，说："谁使我高兴，我就让他快活；谁找我的麻烦，我就生他的气。"接着又问，"你愿意从门里进来呢，还是从阴沟里进来？"

"好太太，"小女孩说，"你要我从哪里进就从哪里进吧！"

女主人让她从门里走了进去，然后又问：

"你要坐丝绸垫呢，还是坐针毡？"

"好太太，你看怎么合适就怎么办吧！"

弗丽莎让她坐在丝绸垫上。

"我该用什么招待你呢？宰一条狗还是一只羊？"

"好太太，你给我什么，我就吃什么。"小姑娘很老实地说。

弗丽莎就宰了一只羊给她吃，并且又问：

"你爱喝粥呢，还是爱吃面包？"

"都行！你瞧着办吧！好太太。"

结果，小姑娘得到的是小麦面包。

第二天早上，弗丽莎去看她，对她说：

"我想把你带到一间屋子里去，你看是到有蛇的那间去呢，还是到有金子的那间去？"

"你到哪里去，我也到哪里去。"

仙女弗丽莎就带她走进一个大厅，里面有许多金子。主人装了满满一口袋金子，送给小女孩，然后又问："你准备从大门出去呢，还是通过阴沟出去？"

"我都照你说的办，好太太。"

仙女打开门让她出去，她就回家了。家里的小狗一见她就叫起来："小主人带着好东西回来了！"

　　小姑娘走到父亲跟前，把带来的金子全给了他。

　　后妈看到小女儿拿着筛子去打水，竟然一副好吃好喝的样子回到了家，还带回来了很多好东西，心里就起了疑心。因此，过了一夜，妹妹又同姐姐一起到小河边去打水的时候，这一次，后妈给了她一个研钵，而把筛子交给亲生的女儿。可是大女儿和她妈妈一样坏。

　　她打不到水，就发脾气，把筛子扔到河里。筛子随着河水流去，她沿着河岸跑，想把筛子捞上来，妹妹经历过的事，她都遇上了。遇上了那些叫她洗衣服、剃头，捉虱子的人。

　　她却什么也不肯干，还骂人家。

　　她同样去敲弗丽莎的门了。

　　弗丽莎问她："你想打门里进来呢，还是通过阴沟进来？"

　　"当然从门里进。"

　　可是仙女让她从阴沟进来。

　　"你要坐丝绸垫还是针毡？"

　　"当然坐丝绸垫。"

　　女主人领她坐在针毡上。她要吃羊肉，弗丽莎却给她狗肉；她要吃面包，弗丽莎给她喝粥。

第二天早上，这个姑娘要求到那间摆着金子的屋里去。仙女把她推进满是蛇的屋子，还用袋子装了一条蛇，叫她背着这口袋从阴沟里钻出去。阴沟很窄，挤得她的骨头"咯咯"地响。

女孩回到了家，小狗见了就叫："小主人带着蛇回来了。"

母亲就打小狗，说："那个孩子带好东西回来，难道我的女儿就带蛇回来吗？"

女儿把口袋交给妈妈。她们把口袋打开，不敢置信地伸进手去摸，结果两个人都被蛇咬了。妈妈和她的女儿全都死了。后来父亲就和小女儿在一块儿，日子过得很好。

班 戈

在很久以前，非洲大陆上，曾经发生过这样的事情：天神恩扎梅（注：恩扎梅在非洲的传说中是创造天地的上帝之一）降临了人间。

他找到了一只小船，于是便乘着船在河里游玩。恩扎梅坐在船上，只让小船随着风的吹动自由自在地飘着。小船在一个很大的村子旁边靠了岸，恩扎梅便想上岸去。这时，走来一个年轻漂亮的姑娘，她的名字叫姆勃娅，这天她穿着简单的袍子，顶着水罐到河边来汲水。恩扎梅看见了她，就立刻坠入了爱河。他觉得这位姑娘是他见过最美丽的人。他爱上了她，他走上前去搭讪，使出了自己天神的魅力，让这个姑娘也喜欢上了他。于是他们就走到了一起。很快，恩扎梅使这个姑娘怀了一个儿子，并把她带到了很远、很远的地方，在那里，普通人是无法通过自己的力量离开的。恩扎梅希望姆勃娅永远跟自己在一起。

十个月过去了，姆勃娅生下了一个儿子，恩扎梅将他取名为班戈。

为什么叫这个名字，我也不知道，没有人告诉过我，这大概是那个地方喜欢这个叫法吧。班戈因为身上有着恩扎梅的血统，他每天都在长高，长得飞快，姆勃娅爱他胜过世上的一切。她采来飞鸟喜欢的茉莉花，插在他的头发里，她在他的小鼻子上穿了一串珍珠，在他的脖子和胳臂上带上了铜镯子，每天早晨都仔细擦一遍，擦得锃亮锃亮。

有了班戈后，姆勃娅就不再整天跟着恩扎梅了，她的注意力全部在班戈身上。

思扎梅感到了失落和沮丧，为此大发雷霆，但是姆勃娅依然把全部的爱和精力都放在自己的孩子班戈身上。

有一天，因为班戈在恩扎梅划定的禁区里，偷了一条鱼，恩扎梅发现后，十分恼怒，他借题发挥，想趁这个机会让姆勃娅重新爱上自己。于是他便把姆勃娅关在家里，一把抱住班戈，把他从高处摔了下去。

班戈一直往下坠落，他觉得自己必死无疑，但是他一直掉落到山下的大河里，对他来说，这是够

幸运的。 而且更幸运的是，他落下的地方离岸并不
太远，一位渔夫正在小船上撒网捕鱼。他看见了正
在呼救的班戈，便赶忙划着船把他从水里救起来了，
这位好心的渔夫把他领回了自己家。这个善良的老
头名字叫作俄多瑶姆，他住在这块普通人难以进出
的地方，他也是一位神。

　　恩扎梅刚把班戈扔掉， 姆勃娅就疯了一般冲出
来，想要救班戈，救她的孩子，可是已经晚了，她
只能眼睁睁地看着班戈被恩扎梅摔下去。结果，姆
勃娅再也没有理过恩扎梅，她恨透了自己的丈夫。
她再也没有回到恩扎梅的身边，她像失了魂魄一般，
在森林里到处寻找她的孩子。有时候，在晚上，你
们在森林里看见过摇摇晃晃的火光吗？你们听到过
一个妇女的传得很远的声音吗？那就是姆勃娅在每
棵树的枝叶下面呼唤，不停地呼唤她的班戈。所以
你们看到森林里微弱的火光不要害怕！这只是可怜
的姆勃娅在找她的孩子，母亲是不知疲倦的。但是，
也许是恩扎梅的诅咒，她永远也没有找到过班戈。

　　班戈摔死了，姆勃娅永远离开了自己， 恩扎梅
也焦急起来，他要不惜一切找到班戈。

　　他飞行到无边无际的海上，在波涛汹涌的浪花
中寻找班戈，他的声音穿透了波浪："大海，大海，
班戈是不是被你藏起来了，快把他交给我！"

他在黑色的大陆上寻找班戈，一直走到地平线，走到太阳和月亮升起和消失的地方，他的声音穿透了层层的树林，震醒了森林中所有的动物："大地，大地，班戈是不是被你藏起来了，你快把他交出来。"

可是大地和大海都回答说："没有，没有。我从来没有藏起过班戈，你是创世神，我是不会骗你的。"

恩扎梅是不可能再找到班戈的了。因为救起班戈的渔夫俄多瑶姆是个伟大的巫师，他一眼就看出了班戈的高贵出身，他的身上流淌着恩扎梅的高贵血液，但是身上始终萦绕着恩扎梅的愤怒。俄多瑶姆不想让可怜的班戈受到他亲生父亲的虐待，便小心翼翼地把班戈藏了起来，藏在了即使是创世神也不可能找到的地方，并且决定永远不把班戈交给恩扎梅。

班戈躲藏在俄多瑶姆为他准备的一个岩洞里面：岩洞非常深，里面长满了笋一样的石柱，还有清凉干净的地下水，岩洞一直通到地底，这里既不归大地管辖，也不归大海管辖。班戈感觉到了无比的安全，并且打心底里感激俄多瑶姆，他想："我在这里是安全的。"因此，他非常有耐心地在那儿待了很久，一直待到他长得足够强大。在这段时间，俄多瑶姆始终悉心照料着班戈，教会他神会的一切，并且告诉他，你的父亲，就是至高无上的创世神，你想要活命，必须足够聪明，足够勇敢。

就在班戈逐渐成长为强大神祇的这段时间，恩扎梅依然没有放弃寻找班戈，而且一天比一天更恨班戈，因为他，使恩扎梅永远失去了自己心爱的姆勃娅，他对自己说："我一定要找到班戈，吃他的心。"但是，班戈正待在遥远的岩洞里。岩洞的上面就是森林，而这段距离大概需要普通人走一百天。有一天，恩扎梅寻找到这个森林，他遇见了变色龙，便照例问这个路过的动物："变色龙，你看见班戈吗？"

森林里所有的动物都听说过，创世神恩扎梅正在寻找自己的亲生儿子，并且想要杀死他。变色龙不愿搅和进创世神的事情中，便含混地回答说："我确实看见一个人从这儿经过，但是谁会把他的名字告诉我呢？"

"那他到哪儿去了？他的村子在哪儿？"恩扎梅显然对变色龙的回答不满意，他急不可耐地追问道。

"他一会儿到这里，一会儿到那里；他的村子在森林的那一边。"变色龙回答说。

"这是很久以前的事，还是最近发生的事？"恩扎梅问道。

"日子很长久了，每天的时间就很长，不错，已经很久了。"变色龙回答道。

听到这里，恩扎梅很气恼地走了。变色龙的回答让他一无所获，但是又挑不出什么毛病。也许这个长相奇特的小东西就是这样一个糊涂蛋呢？正当他继续在森林中东奔西跑，四处寻找班戈的踪迹时，变色龙却找到了班戈藏身的岩洞："班戈，你父亲正在找你，你千万当心点儿。"

通风报信完，变色龙就沿着岩洞的隧道跑走了。他始终不愿意搅和到创世神和他儿子的矛盾中去，但是毕竟他很善良。

班戈得到了警告，这样他就知道，在他躲藏起来的那么多年里，他的父亲一直没有想要放过他，现在甚至已经寻找到岩洞外面的森林里了。

变色龙一边走，一边仔细地擦掉班戈留在岩洞里的脚印，尤其是那些方向朝向岩洞入口的，只留下一些向外走的脚印。等到他走到洞口时，已经来到岩洞和森林的交界处，在这里看到了蜘蛛恩达纳勃，他赶忙藏了起来。他看见恩达纳勃也来到了这个岩洞附近，还在岩洞周边结起了厚厚的蜘蛛网。这个蜘蛛网又厚又坚固，变色龙非常着急，他赶忙在网上扔了一些苍蝇和昆虫。

恩扎梅在森林中继续追寻班戈的踪迹，他碰到了蛇——维埃赫，便问他："维埃赫，你看见班戈了吗？"

维埃赫回答："看见了！看见了！"

"你是在哪里看见班戈的？"恩扎梅第一次听到班戈的行踪，欣喜极了。

"我看见他在森林深处的岩洞里。"蛇摇摆着尾巴，迫不及待地说。

恩扎梅加快步伐，来到了班戈藏身的岩洞跟前。

"这是什么？"他说，恩扎梅看到变色龙来不及擦掉的班戈的脚印，"这些脚印表明有人经过？"但是他又看见了蜘蛛网和网上的苍蝇。他说："这儿是不会有人的！这些网表明已经很久没有人从这里经过了。"

躲藏在岩顶上的变色龙说话了：

"啊！伟大的恩扎梅，你到这儿来啦，你好呀！"

"你好，变色龙，你是不是在这个山洞里看见班戈的。"

"是呀，但那已经很久、很久了，他已经离开这里了。而且我想，人们还看得见他留在地上的脚印哩。"

"不错，那儿有脚印。"恩扎梅说："那我便顺着脚印去找。变色龙，你做得很好。"恩扎梅继续追赶。

班戈从山洞里走出来说："变色龙，你做得很好。

你救了我的命。我要给你的丰厚的报酬：今后你可以随意变换颜色，这样，你就可以躲过你的敌人了。"变色龙说："太好啦。"

班戈又对蜘蛛说："恩达纳勃，你做得很好，我能为你做些什么呢？""什么也不用，"恩达纳勃回答说，"我心里很满意了。""这很好，"班戈说，"你在哪儿，就给哪儿带来幸福。"说完，班戈就走了。路上，他看到了维埃赫，用脚后跟猛地一踩，就把蛇的脑袋踩扁了。

恩扎梅寻找了很久，终于一无所获，疲劳不堪地重新回到了天上，决定不再追捕班戈了。

班戈的养父俄多瑶姆死后，班戈洗净了他的遗体，仔细地埋葬了，但他事先把养父的头颅骨取了下来，为了向养父表示敬意，他将头颅骨保存在家中，并在庄严的节日里用红颜料和油把它擦得亮亮的。这样一来，俄多瑶姆的神灵就仍然和班戈在一起了。就是班戈教导我们，要保存祖先的头颅骨，向他们的神灵表示尊敬。那些毫不尊敬祖先头盖骨的人是可耻的。班戈长大以后，他周游了世界，接触了所有的人和所有的民族。他是一个善良的人，教导人们要做好事，做对的事情。他脖子上挂着一块碧玉，用它来创造各种奇迹。这块碧玉曾经属于恩扎梅，恩扎梅在上面刻下了自己的名字。这是恩扎梅第一次看见姆勃娅时，送给姆勃娅的，姆勃娅又把这块碧玉挂在了班戈的身上。

有了这块碧玉，班戈可以随心所欲地离开他的肉体，这样箭射不中他，斧子砍不伤他，有毒的竹刺也刺不透他。

在那个时候，地上的一切财产都是属于他的。他爱着黑人，黑人也爱他。黑人照他的愿望，照他的命令去做事，因为班戈是个善良的人。后来，班戈要到很远很远的地方去，他动身到高山的那一边去（我想，大概是到白人那里去），而那儿的白人看见班戈剖开了土地，发现了地里的财宝以后，就日日夜夜盯着他。最后，班戈知道那儿的白人是坏人，就躲着他们。有一天，那些白人终于发现了班戈手中拿着的碧玉。为了抢走班戈的财富，掌握他的秘密，那些白人就把班戈给杀了，并且夺去了碧玉。要不然，这块碧玉是会留给我们的。从这以后，山那边的人们（大家都知道那是一些白人）占有了地上的财富。但是我们这些人却永远保留了班戈的法则，这是最最珍贵的东西。孩子们，保留你们祖先的习俗吧！这是好的习俗。

五年级上

欧洲民间故事

南京大学出版社／编

南京大学出版社

目录

火炉里的罗西娜

有一个穷人，他的妻子在很年轻的时候就死了，给他留下了一个名叫罗西娜的非常漂亮的女儿。可是由于他必须要去工作，没有时间照顾她，于是娶了第二个妻子，他和第二个妻子又生了一个女儿，名叫阿苏达，这个女儿长得有些丑。两个女孩一起成长，一起上学，一起去玩，可是每次回到家后，阿苏达都满肚子的怨气，"妈妈，"一次回到家后她说，"我再也不和罗西娜出去玩了，看到我们的人都夸她，说她漂亮，长得像朵花而且又有礼貌，却说我黑得像块炭。"

"你就是黑得像摩尔人又有什么要紧！"她妈妈回答，"你从我肚子里生出来时皮肤就有些黑，这正是你的美丽之处。"

"您爱怎么想就怎么想，妈妈，"阿苏达反驳道，"无论如何我也不会和罗西娜一起出去了。"

看到女儿被嫉妒折磨，妈妈十分痛心，便问她："你想让我怎么办呢？"

阿苏达说："让她去放牛，同时让她纺一磅的麻。如果她晚上回来时牛还饿着肚子或者麻没纺好，您就打她。今天打她，明天打她，她就会变丑的。"

尽管有些不忍心，可是后妈还是向亲生女儿的任性屈服了。她把罗西娜叫过来说："你以后不必再和阿苏达出去了。你去放牛，喂它们吃草，同时你还要把这磅麻纺好。如果你晚上回来的时候没纺好或者牛没吃饱，我就让你尝尝我的厉害，我可把丑话说在前面。"

罗西娜从来没有被这样的口气命令过，一下子吓得说不出话来。既然后妈已经把棍子拿在了手里，她只好听从了。她背着一大捆麻，牵着牛到田里去了，在路上，她不断地说："我的好奶牛！我怎么才能既纺麻又给你们割草呢？肯定需要有人帮我才行。"

听了这话，一头最老的奶牛转过脸对她说："你不用慌张，罗西娜，你去给我们割草，我们来帮你纺麻，只要你说：

奶牛啊好奶牛，

用嘴纺啊纺，

用角绕啊绕，

帮我把线绕成球。"

天黑了，罗西娜回到家，将喂饱的牛带回牛圈，头上顶着满满的一筐草，胳膊下还夹着一个足有一磅重的麻线团。阿苏达见了，简直要气死了，对她妈妈说："明天您还让她去放牛，给她两磅的麻去纺，如果她纺不完，您就揍她。"

这一次，罗西娜也只是说：

"奶牛啊好奶牛，

用嘴纺啊纺，

用角绕啊绕，

帮我把线绕成球。"

晚上，牛喂饱了，草割好了，两磅麻也纺好绕好了。"你到底是怎么干的？"气得脸色发青的阿苏达问，"一天能做这么多的事情？""你说我能怎样干呢？"罗西娜对她说，"我只不过总是能遇上好人罢了，这次是我的奶牛们帮了我。"

阿苏达跑到妈妈那里说："妈妈，明天让罗西娜留在家里做家务，让我去放牛，而且我也要纺麻。"

妈妈满足了她的要求。第二天，阿苏达去放牛了。她手里拿着一根木棍，为了赶着牛向前走，她不停地用棍子敲打着它们的后背和尾巴。到了草地后，她把麻往牛的角上一放，等它们纺线，可是那些奶牛一动不动。

"快！你们为什么不纺线！"阿苏达大喊，紧跟着便用棍子抽打它们。于是奶牛们开始晃动犄角，把线弄得一团乱。

阿苏达不愿就此善罢甘休，一天，她对妈妈说："妈妈，我想吃风铃草，今天晚上您让罗西娜到旁边农民家的田里去采点来给我吃。"

母亲为了令她高兴，就叫罗西娜到旁边农民家的田里去采风铃草。"什么？"罗西娜说，"您让我去偷东西？这可是我从来没有做过的事。再说，要是那农民看见了有人在夜里进了他的田，会从窗户里开枪打我的。"

这正是阿苏达所希望的，现在她也开始以命令的口气对她说："对对，你必须去，否则就要挨揍了。"

于是，到了晚上罗西娜便出去了。她翻过篱笆，进入了农民的田地，她没有找到风铃草，却看见了一只大萝卜。她走过去拔呀拔，终于把那萝卜拔了出来。她看见下面有个蟾蜍窝，里面有五只小蟾蜍。"噢，多可爱的小蟾蜍呀！"她说着，把它们捧了起来，放在腿上，有一只掉了下来，摔断了一条腿。"哎呀，对不起，小蟾蜍，我不是故意的。"她说。

她腿上的四只小蟾蜍见她这样有礼貌，便说："美丽的小姑娘，你对我们这样好，我们要给你一个回报，你将变成世界上最漂亮的女孩，而且像太阳一样耀眼，无论是在多云时还是晴天。"

可是那只摔坏腿的小蟾蜍嘟囔着说："我可没感到她有那么好，她把我的腿摔坏了，她本来可以更加小心的。因此，我要让她在见到第一缕阳光时就变成一条蛇。

直到她走进一个燃烧着的火炉，才能变回人。"

罗西娜带着一半的欢喜和一半的忧虑回到了家。在黑夜里，她的周围亮得像白昼一样，因为她的美丽散发着光芒。继母和狠心的妹妹见到她变得更加美丽，而且像太阳一样光芒四射，都不由得惊呆了。她向她们讲述了在风铃草田里的经历。"这都不是我的过错，"她最后说，"求求你们，以后千万不要让我见到太阳，否则我会变成一条蛇的。"

从那以后，罗西娜在有太阳的时候，便把自己关在家里，只在太阳下山后，或在多云时才出门。白天，她就坐在窗下的阴影里，一边唱歌一边干活。从那个窗子里射出一片耀眼的光芒，房子周围都能见到。

一天，国王的儿子从这里经过，他向那发光的地方望去，看见了她。"这个农民的茅草屋里怎么会有这样一个美丽的少女？"他走进屋子。就这样，他们认识了，罗西娜向他讲述了自己的全部经历和身上的诅咒。

王子说："我并不在乎将来会发生什么，像你这样美丽的姑娘不应该生活在这样的地方。我已经决定要娶你做我的妻子。"

她妈妈插嘴道："殿下，您可要当心呀，不要给自己找麻烦，您想一想，她只要一见到阳光便会变成一条蛇的。"

"这不关您的事，"王子说道，"我感到你们并不疼爱这个姑娘，但我命令你们把她送进王宫，我将派一辆全封闭的马车来，可以不让她在路上见到阳光，至于你们，从今以后你们不会再缺钱花。我们就这样说定了，再见！"

继母和阿苏达不敢违抗王子的命令，便都咬着牙，不怀好意地开始为罗西娜的出发做准备。马车终于到了，是一辆古式马车，四面封闭，只有顶上有一个小窗，马车后面有一个骑马的士兵，穿着华丽的衣服，头上戴着羽毛的帽子，腰上挂着剑。罗西娜坐上了马车，她的继母坐在她旁边，陪她一起去。在上车前，她把士兵叫到一旁，对他说："如果您想要十个保罗的小费，就在太阳照在车上时，把车顶上的窗户打开。"

"没问题，夫人，"士兵说，"我一定按您说的去做。"

马车跑啊跑啊，到了中午，阳光照在马车顶上，那个士兵猛地将车顶的窗户打开，一束阳光照在罗西娜的头上，她立刻变成了一条蛇，于是"嗖嗖嗖"地逃到树林里去了。

王子打开马车门，不见罗西娜，便知道发生了什么事，他哭喊着要杀死罗西娜的继母。后来人们都劝说他这是罗西娜命中注定的，即使这次没有发生，将来也迟早会发生，他才慢慢恢复了平静，可是他仍然十分悲痛和失望。

可是厨师们早已把婚礼晚宴所需要的东西准备好了，被请来的客人们也都在饭桌前坐好了，听到新娘失踪的消息后，大家都想，既然已经来了，晚宴还是要吃的。厨师们接到点燃火炉的命令。一个厨师正要把一捆刚刚从树林里捡来的木柴放进点燃的火炉里，忽然看到柴草中藏着一条蛇，可是他已经来不及将它取出，因为木柴的一端已经被点燃了。他不停地向炉火里张望，寻找那条蛇，就在这时，从火焰中跳出了一个没穿衣服的少女，好像一朵玫瑰一样娇艳，比火焰和太阳还要耀眼。厨师看呆了，好像变成了一块石头。然后他大喊起来："快来呀！快来呀！火里出来了一个少女！"

听到这喊声，王子第一个跑进厨房，后面紧跟着王室其他成员。王子认出了罗西娜，把她紧紧抱在怀里，就这样他们举行了婚礼，罗西娜也从此过上了幸福的生活，再也不用受别人的提弄了。

长金角的小牛

据说从前有一个丈夫和一个妻子，他们有两个孩子，一儿一女。后来妻子去世，丈夫再娶；他的新妻子有个瞎了一只眼的女儿。

丈夫是个农民，要到一块封地上去干活。由于妻子是继母，所以根本不愿见到丈夫的那两个孩子。她做了面包让两个孩子给父亲送去，但为了让他们迷路，她把他们派到另一块封地上，与丈夫干活的那块地方向相反。孩子们来到一座大山里，开始叫他们的父亲："爸爸！爸爸！"但回答他们的只有回声。

他们迷了路，就这样偶然走到了乡下，小弟弟开始觉得口渴。他们发现一处泉水，小弟弟想喝，可是小姐姐有一些灵气，她知道泉水的效力，因此问：

"泉水呀泉水，喝了一碗的人，究竟会变成什么？"

泉水回答道：

"谁喝了我的水，就会变成小驴。"

小弟弟忍着渴，他们继续向前走。他们发现另一处泉水，小弟弟想扑上去喝。但小姐姐又问道：

"泉水呀泉水，喝了一碗的人，究竟会变成什么？"

泉水回答道：

"谁喝了我的水一碗，就会变成一匹漂亮的狼。"

小弟弟还是没有喝，他们又向前走。两人又发现一处泉水，小姐姐再问：

"泉水呀泉水，喝了一碗的人，究竟会变成什么？"

泉水回答道：

"谁喝了我的水，就会变成小牛。"

姐姐不想让小弟弟喝，但是他非常口渴，因此说："要在渴死和变牛之间选择，我宁愿变成牛。"便扑上去喝水。一转眼工夫他就变成了一头长着金角的小牛。

于是小姐姐带着变成金角小牛的弟弟，重新上路。他们就这样来到一片海滩。这片海滩上有一座小房子，那是国王儿子的别墅。国王的儿子站在窗口，看到一个漂亮的姑娘牵着一头小牛走到沙滩上来，便说："到我这里来。"

"我可以上去，"她回答，"但我的小牛要和我在一起。"

"为什么你如此看重它？"国王的儿子问。

"我很喜欢它，因为我一直用我的手喂养它，一刻也不愿和它分开。"

王子爱上了这个姑娘，并娶她为妻，他们就这样和长金角的小牛生活在一起。

　　父亲回到家后，没见到两个孩子，十分伤心。一天，为了排遣忧伤，他出门去采茴香。来到沙滩上，他看到了王子的别墅，窗口站着的是他的女儿，她认出了父亲，但父亲却没有认出她。

　　"上来吧，好心人，"她说，因此父亲走上楼来。"您没认出我吗？"她问。

　　"如果要我说，我并不觉得你的面孔很陌生。"

　　"我是您的女儿！"

　　他们彼此拥抱。她告诉父亲小弟弟变成了小牛，而她嫁给了国王的儿子，父亲得知这个他以为已经失去了的女儿有如此好的婚姻，而且儿子也还活着，尽管变成了这样，还是感到十分高兴。

　　"现在，爸爸，您把袋子里的茴香都倒出来，然后在里面装上钱。"

　　"噢，我的后妻不知会多高兴！"父亲说。

　　"为什么不让她带上独眼女儿也来这里住？"

　　父亲觉得这个主意很好，同意了并转身回家。

　　"谁给了你这些钱？"妻子问他，看见这些钱她惊奇万分。

　　"我的老婆呀！你知道吗，我找到了女儿，她现在是王子的妻子而且愿意让我们都去她家住，我，你，还有你的独眼女儿。"

听说这个女孩还活着，妇人怒火中烧，但她说："噢，多好的消息！我真想见到她！"

因此，当丈夫仍在整理他们的东西时，妻子和独眼女儿便先来到王子的家。王子不在家，继母刚一单独和姑娘在一起，便抓住她将她扔出了窗外，窗口离海很近。然后，让独眼女儿穿上她姐姐的衣服，对她说："王子回来后，你就开始哭，并且对他说：'小牛用角刺伤了我的眼睛，我现在瞎了！'"教完她之后，妇人就回家了，把她独自留在那里。

王子回来时，发现独眼女孩躺在那里，而且在啼哭。"你为什么哭呀？"王子问，王子把她当成了自己的妻子。

"小牛用角刺伤了我的眼睛，把我变成了盲人。哎哟，哎哟！"

王子立刻叫起来："叫屠夫来，把小牛杀掉！"

小牛听见这些话，立刻跑开，从朝向大海的窗口探头出去，说道：

"噢，姐姐，我的姐姐，

这里他们已在磨刀，

他们已把水盆准备好

为了装我纯洁的血。"

从海里传出一个声音说道：

"你的泪水是白流，

我已在鲨鱼的口中！"

屠夫听到这些话，没有勇气去杀小牛，跑去对王子说："殿下，来听听小牛在说什么。"

王子凑上前，听到说：

"噢，姐姐，我的姐姐，

这里他们已在磨刀，

他们已把水盆准备好，

为了装我纯洁的血。"

然后海里传出一个声音说：

"你的泪水是白流，

我已在鲨鱼的口中！"

王子马上叫来两个水兵，让他们捕捉鲨鱼。他们抓住了它，扳开它的嘴，他的新娘从里面活生生地走了出来。

后来，继母和独眼女儿被关进了监牢。为了治好小牛，他们请来一位仙女，将他变回一个美丽的少年，因为在这段时间里他已长大了很多。

卷 毛 角 吕 盖

　　很久以前，有一位美丽的王后，出人意料地生了一个丑陋无比的儿子，她苦恼极了，但又毫无办法，这时来了个美丽的仙女，她告诉王后，这个小孩长大以后一定很聪明。她还说他会得到自己赠予他的礼物，那就是他将来能够把他的智慧分给他最爱的人。

　　那些话让这位不幸的王后得到了一点安慰，因为自从她生下这么难看的儿子后，便十分痛苦。

　　情形果真像仙女所言，那个小孩自从会说话之后，一言一行、一举一动都非常得体，讨人喜欢。由于这个孩子一生下来，头顶便有一撮头发突起得特别明显，像一个鸡冠，于是人们都叫他卷毛角吕盖，吕盖是他的姓。

　　七年以后，邻国的王后生了个女儿，这女孩一生下来就美丽异常。王后对此非常高兴，把她视为掌上明珠，含在嘴里怕化了，捧在手中怕掉了；但是其他人却为她担心，唯恐过度的宠爱会把她惯坏。

就在当天，那位在卷毛角吕盖出生时去了吕盖家的仙女来了，她的预言让王后非常不高兴，因为她告诉王后，虽然王后的第一个女儿非常漂亮，但她以后会非常蠢笨。

没过多久，王后生下了第二个女儿，她感到非常痛苦，比听了仙女的预言还痛苦，因为这个小女儿一生下来便非常非常丑陋。"你不必担心，王后。"仙女又来了，对王后说，"你的小女儿虽然长得很丑，但她将来会非常聪明，这会消除人们对她丑陋的印象。"

"如果真是那样的话，那还不错。"王后稍感安慰，但她又忧心忡忡地说，"但是大女儿既然那么漂亮，你就不能让她变得聪明一点吗？"

"我不能那样做，王后。"仙女微笑着回答，"因为我没有那种权力，恕我不能答应你的要求。但是我会送给她一份礼物，那就是她能把自己的美丽分给她所爱的人。"

情况真的像仙女所说，大公主虽越长越漂亮，可也越来越蠢笨，而二公主却越来越聪慧。大公主跟别人说话时，不是常常不知道怎么回答，就是尽说些傻话；她也实在是太笨了，叫她把四个瓷器放到架子上去，她总要打碎一半，甚至喝一杯水时也总要把一半泼到身上。

虽然美丽的容颜吸引人，然而智慧更得人们的偏爱，这正是大公主与二公主的真实写照。大公主虽然笨，但随着围在她身边的人一天天减少，她心里也很难受，非常渴望用自己全部的美丽去换妹妹一半的智慧。而王后虽然很和蔼，但免不了常埋怨大女儿的蠢笨，所以大公主越来越忧愁了。

一天，大公主躲在树林里，正痛哭自己的不幸时，有一个非常丑陋但穿着华丽的人走了过来，他就是年轻的王子卷毛角吕盖。卷毛角吕盖在一次偶然的机会里，看到了大公主的肖像，便爱上了她，于是便离开了自己的国家来到了邻国，一心想见到貌美的大公主，跟她聊聊天。今天他终于碰到了她，心里别提有多么高兴了。

卷毛角吕盖彬彬有礼、恭恭敬敬地向大公主问了好，他看到她很伤心的样子，就问她："小姐，看你很伤心的样子，我认为像你这样如此美丽的姑娘是不该有伤心事的。我虽然赞美过无数个女孩，但像你这么美丽的，老实说我以前真的还没见过。"

"你是在取笑我吧，先生。"大公主回答道，说到这，她就难过得说不下去了。

吕盖一脸诚恳地摇了摇头，说道："美貌让人得到了许多便利，它是上天赐予的最好的礼物；一个人能长得非常美丽，我实在不知道还有什么东西能让她痛苦的。"

公主摇摇头回答道："但我宁愿难看却很聪明，而不愿像现在这样虽然漂亮却笨得不得了。"

吕盖笑笑说："小姐，我自认为并不是很聪明，当然聪明是大家都渴望的，这种上天赐予的好礼物，我们就是得到再多，也不会满足的。"

"这个道理我不懂，"公主说，"但是我只知道自己很笨，这就是我烦恼的原因。"

"如果你就是因为这而不开心，小姐，那我倒是能很轻易地消除你的烦恼。"吕盖笑了笑。

"哦，你有什么办法呢？"公主急切地问道。

"小姐，我有一种能力，那就是我能把智慧分给我所爱的人，而你恰恰就是我想爱的人，你是这么迷人，我早就爱上你了，只要你答应嫁给我，你就会变得聪明起来，当然，这完全由你自己决定。"

公主听了，看了看吕盖，哎呀，他如果好看一点就好了，但是他……她暗自想了想，犹豫不决，没有回答他。

"我知道，"吕盖似乎看到了她的心思，"你一时难以决定，但请你好好想一想，想好了再答复我，我们把时间定在一年以后怎么样？"

由于公主早就很想变得聪明起来，甚至愿意用自己的美貌交换，听了吕盖说的话，想到一年的时间是多么漫长啊，而自己是多么渴望得到智慧啊，所以便答应了吕盖，说自己愿意一年后嫁给他。

公主刚说完这句话，马上感到自己不像以前那样蠢笨了，她感到自己说话非常流利，思维也变得非常敏捷，有些问题的答案几乎不用思考就可以脱口而出。

接着，公主和卷毛角吕盖聊了起来，聊得非常开心。
吕盖见她现在说话是那么流畅，那么有条理，简直像换
了一个人似的，他相信这是因为自己爱她爱得太深了，
所以把自己大部分的智慧都分给了她。

公主与吕盖辞别后，欢喜地回到宫中，宫中的人很
快便发现大公主变得异常聪明。宫里所有的人都很高兴，
知道了这个好消息。只有二公主不高兴，因为她本来比
姐姐聪明千万倍，但是现在她姐姐也变得聪明了，自己
还有什么优势能超过姐姐呢？

从此以后，国王越来越喜欢跟他的大女儿说话了，
因为她经常能提出一些好建议，让他受到很大的启发，
有时甚至还会在她的房间里召开一些重大会议。

美丽聪明的公主一下子成为邻国的焦点，各国王子
都来向她求婚。但是她认为他们中间没有一个是聪明人，
所以一个也没有答应。后来又来了一位非常有权势、富
有而且很英俊的王子，他也是来向她求婚的，她见这位
王子各方面都比较令人满意，也就不由得喜欢上了他。

国王看出了她的心思，就乐呵呵地对她说，挑选丈
夫的事完全由她自己做主，选好以后告诉他就行了。一
个人越是聪明，在大事上考虑得就越多，想处理得越完
美越好，所以美丽又聪明的大公主需要一些时间去做得
最后的决定。

一天，大公主又不知不觉地来到了从前碰到卷毛角

吕盖的那片树林，她边走边想着心事。突然她听到脚下传来一种声音，听上去好像是许多人在忙忙碌碌地走来走去。

她仔细听着，听到一个声音说："快把锅子给我！"而另一个声音在说："快往火里加些柴。"

这时地面裂开了，公主看到地下面原来有一个巨大的厨房，许多厨师和仆人正在忙碌地准备一个盛大的宴席。

不一会儿，走上来大约十个烤肉的人，他们来到林中的一块空地上，摆好一张很长的桌子，架好了火炉，准备好一盆盆切成块的肉，然后手里拿起铁签，唱起欢快的歌儿，开始干活了。

公主非常好奇，便走了过去，问他们是为谁干活。

"小姐，"烤肉的人里长得最好看的一个回答道，"我们在为卷毛角吕盖干活，他明天就要结婚了。"

公主更加奇怪了，但不一会儿她便想了起来，从上一次自己答应嫁给卷毛角吕盖那天起，到明天刚好是一年了。

想到这儿，公主一下子变得不知所措，当初自己只是为了得到智慧；才答应卷毛角吕盖的求婚。从她变得聪明以后她便忘记了自己以前是那么笨了，而且现在她一想到卷毛角吕盖是那么丑陋，便不由得皱起了眉头。

公主想着想着，又走了一段路。这时她看到她面前走来一个人，啊，就是卷毛角吕盖。吕盖穿得非常华美，满脸高兴的样子，完全是一个新郎的模样。

"小姐，你真守信用，"卷毛角吕盖微笑着说，"我遵照我们的约定，我相信你也不会违背吧！"

"对不起，"公主摇摇头，"这件事我还没有做出决定，而且我觉得我的决定不会让你满意的。"

"你的话真让人吃惊，小姐。"吕盖说，但仍然彬彬有礼。

公主回答道："是这样，我很矛盾，如果我嫁给你，我会很痛苦，如果不嫁给你，我又会变成一个不守信用的人，现在和我讲话的人，我当然知道他也是讲道理的。你也明白，我以前很笨的时候，我还不能决定自己要不要嫁给你；但自从你给了我智慧以后，我比以前更难做出这个决定了，所以让我怎么能在今天一天的时间里一下子决定这个问题呢？如果你以前真想娶我，那么你让我摆脱了愚笨，就是犯了一个大错误，因为现在我比从前更有主见了。"

吕盖听完公主的回答，随后对公主说："我如果真是一个不讲道理的人，我一定会责备你不守诺言，可是我并不是那样的人，我想我这一辈子高兴不高兴就取决于那件事能不能成功！一个聪明的、讲道理的人，难道他不比一个不聪明的、不讲道理的人好吗？你说说，除了我很难看以外，我还有别的什么让你不满意的地方，你是不是不满意我的出身、我的智慧、我的脾气、我的举止？"

"一点也没有不满意，"公主说道，"而且你刚才说的，我都心服口服。"

"如果是这样，"卷毛角吕盖点了点头，"那我真高兴。你要知道，你能让我变成世界上最完美的人呢！"

"这话怎么说呢？"公主听了很奇怪。

"假如你真心喜欢我，而且真心愿意把我变成世上最完美的人，"吕盖回答，"那你就一定能做到，对此你不必怀疑。因为有一位仙女，在我出生时给了我一种能力，那就是我能把自己的智慧分给我最爱的人，而她在你出生的时候，也给了你一种能力，那就是你能让你所爱的人变得漂亮起来。你愿意让我变得漂亮起来吗？"

"如果我真的有那种能力，"公主点点头，"我愿意，我打心眼儿里愿意，我愿意让你成为天底下最英俊的王子。"

公主的话音刚落，吕盖从头到脚完全变了个模样，他的驼背直了起来，他的腿也不再跛了，他的脸变得棱角分明，很有男子汉的味道，他头顶的卷毛消失了，头发变得漂亮起来了，完全是一副英俊、潇洒的青年王子的形象，公主从未见过如此英俊的男人。

消息很快就传开了，公主的父亲对于女儿与聪明英俊的吕盖结合也非常满意。第二天，他们的婚礼如期举行了，卷毛角吕盖的愿望终于成为现实，而他们的婚礼也完全是按照很久以前就设想好的方式进行。

十 二 只 野 天 鹅

从前，有一个王后，一天，她很想出去呼吸一下新鲜空气。

那时正是冬天，刚刚下过一场新雪。雪橇在路上跑了一会儿后，突然，王后流鼻血了，于是她不得不走下雪橇。当她站在篱笆旁，瞧着这滴落在雪地上的殷红的血时，心里突然涌上一个念头。于是她自言自语道："要是我能有一个女儿肌肤像雪一样洁白，脸蛋儿又如血色那般红润，我就不再在乎我的那些儿子了，我情愿要女儿。"因为王后有十二个儿子，唯独没有女儿。但几乎还没等她说完这些话，一个丑陋无比的老妖婆已经站在她眼前了。"你可以得到这样的一个女儿，"她对王后说，"她的肌肤像雪一样洁白，脸蛋像血一样红润，娇艳无比。不过，从此你的儿子们就属于我了。但他们可以待在你身边直到小公主受洗礼的那天。"

时间过得飞快，王后果真生了一个女儿，长得可爱极了，正如老妖婆说的那样，她有雪一样白嫩的肌肤和血那般殷红的脸蛋儿，因此人们都叫她白雪红玫瑰。她出生的那一天，整个王宫都沉浸在一片喜庆和欢悦之中，而王后的快乐更是到了极点。后来她想到了自己对那妖婆的许诺，于是她让银匠打了十二把银勺，每个王子一把。同时也给白雪红玫瑰打了一把，这银勺和王子们的银勺一模一样。

　　小公主受洗礼的日子到了。洗礼仪式刚刚结束，十二个王子立刻变成了十二只天鹅。它们从王宫里飞了出去，越飞越高，直到消失在远方，从此再也没有回来过。

　　小公主慢慢地长大了，她不仅貌美如花，光艳照人，而且她心地善良。不过她总感到情绪异常，心里总有一种难以排遣的忧郁。没有人知道这究竟是为什么。

　　一天下午，王后也突然感到一阵悲伤——每当她一想到她的十二个儿子时，总是思绪万千，冒出无数古怪的念头。这时候她问白雪红玫瑰："为什么你总是这么忧伤，我的孩子？你说吧，你想要什么，我都会满足你的。"

　　"哦，我觉得这里太寂寞冷清了，"小公主回答，"其他人都有兄弟姐妹，就我一个人这么孤单。我既没有兄弟，也没有姐妹，这就是我悲伤的原因。"

　　"你并不是孤单的一人，我的孩子，"王后说，"我有十二个儿子，他们都是你的哥哥。但就是为了得到你，他们不得不离开我身边。"接着，她把从前发生的那些事全都告诉了小公主。

听到这事后，小公主伤心极了。小公主决定出走，因为她认为这一切的发生都是因为她。无论是王后的恳求还是眼泪都无济于事。最后她避开了众人，悄悄地离开了王宫。

小公主在广阔无边的道路上走了许久许久，你简直不能想象，一个如此娇弱的少女能有这样的毅力，走完这么漫长艰难的路程。

有一天，白雪红玫瑰走进了一片很茂密的大森林。长途跋涉之后，小公主感到很疲倦，她在一堆草丛旁坐下来休息。不一会儿，她便睡着了。她梦见自己走进了森林的深处，来到了一座小木屋跟前。那便是她十二个哥哥的家，就在这时，她醒了过来。她看见一条小路就在她的跟前，上面有人走过的足迹。小路的两旁铺满了绿茵茵的草坪，小路一直延伸到森林深处。小公主沿着这条小路往前走，走了很久很久，最后她来到了一座小木屋前，这木屋就跟她梦中见到的那座木屋一模一样。

小公主走进木屋，里面一个人也没有，只有十二张床和十二把椅子，还有十二把勺子，屋里的每一样东西都有十二件。这时候小公主是那么兴奋，这是许多年来她心里从未有过的快乐和欢欣。现在她已经明白了，她的十二个哥哥就住在这里，这些床、椅子和勺子都是他们的。想到这里，小公主立即动手收拾屋子。她先把壁炉的火点燃，让屋里变得暖烘烘的。然后扫地，整理床铺，接着又为他们煮好了吃的东西。小公主尽最大努力使整个屋子变得整洁美丽，一切收拾完毕后，她才坐下来吃了点东西。她吃完东西以后，觉得有点困了，于是她钻进了最小的那个哥哥的床底下去睡觉。但她把自己吃饭的勺子忘在了桌上。

还没等她在床下躺好，只听得空中响起一阵呼啸声和拍打翅膀的噗噗声，接着十二只天鹅急速飞进了木屋。就在天鹅们靠近木屋门框的刹那间，它们变成了十二个王子。

"唔，这儿是多么暖和舒适呀，"王子们说，"感谢上帝赐福我们，让我们的屋子变得这么整洁干净，还有这香气扑鼻的饭菜等着我们。"然后他们各自拿起自己的银勺准备进餐。

不过他们拿起各自的银勺后，发现多了一把在桌上。这多出来的一把银勺跟他们的银勺完全一模一样，王子们不由得面面相觑。"这是我们妹妹的银勺，"他们说，"既然勺子在这里，她人一定就在这木屋附近。"

"要是这把勺是我们妹妹的，并且我们在这儿找到了她，她就应当被处死。就是因为她，才让我们兄弟遭受了可怕的灾难！"最年长的王子说。王子们的这些议论，躺在床底下的小公主听得一清二楚。

"不，"最小的王子说，"为这个理由杀死她是不对的，我们受到的磨难与她一点也不相干。要是追究谁是造成这一切灾难的根源，那也应当是我们自己的亲生母亲。"

王子们在屋内到处寻找小公主，最后在小王子床底下找到了她。

大王子再次表示应当处死小公主。小公主哭了起来，她恳求道："哦，亲爱的哥哥，请不要杀死我！"她说，"我这许多年来一直在寻找你们，假如我真的能把你们解救出来，我是心甘情愿牺牲自己的。"

"要是你愿意拯救我们，那么你就可以活下去。"王子们说，"因为要是你愿意的话，这是完全可以成功的。"

"只请求你们快点儿告诉我，这究竟是怎么回事。我一定照你们所说的那样去做。"小公主说。

"你去采集野棉花草。"王子们说，"你要把它们梳理好，纺成线，再织成布匹。然后你要用这布裁剪缝制好十二顶帽子和十二件衬衣，给我们每人一套。这就是你需要做的事，但最重要的一点是：在完成这件工作之前，你既不能说话，也不能哭或笑，要是你能办到这些，我们就都能获救了。"

"可我上哪儿才能找到这些做衣服和帽子的野棉花草呢？"

白雪红玫瑰问。

"我们会把你带到那儿去，指给你看的。"王子们说。

于是他们把小公主引到一块很大很大的沼泽地，那儿长满了野棉花草，正在微风中轻轻摇曳。在太阳光的照射下的叶片熠熠生辉，如同在阳光下的白雪那样耀眼刺目。

小公主从未见过这样无边无际的野棉花草。她立刻动手干了起来，并尽自己的全力多采集些。到了晚上，她回到家里，再把它们一一细心地梳理好，然后把它们绕成麻线。日子一天天地过去了，小公主每天出去采集植物，然后把它们梳理好纺成线，并且她还一直照料着王子们的生活，为他们煮饭和收拾屋子。每天一到傍晚，十二只天鹅拍打着翅膀，飞回木屋。在晚上，他们都恢复成王子的模样。但一到清晨，他们又得从木屋飞走。白天里他们只能是天鹅的身形。

那天，是小公主最后一次采集野棉花草。就在这时候，来了一个骑马的年轻人，这是统治这个王国的年轻国王，他正出门来打猎。当他看见了小公主，立刻下了马，心想：在那儿弯腰采集野棉花草的少女究竟是谁呢？于是他问她的名字，但对他的问话，少女沉默无语。这就让国王越发好奇。不过他太喜爱这位美丽可爱的年轻姑娘了，他想把她带回宫去，娶她做王后，他告诉他的随从们，要他们把小公主带过来，扶她骑到自己的马上来。

小公主很想对国王讲些话，但她不能说。接着她又去背着那一大包她已采集到的野棉花草。国王立刻明白了，她不能扔下这些奇怪的野草。

于是他吩咐随从们把这些装着野棉花草的包袱也一起装上带走。

当小公主看到这一切后,她心里不再有牵挂了。国王不仅是位聪明英俊的年轻人,并且待她也非常亲切温和。

王宫里的老王后是国王的后母。当她看见白雪红玫瑰后,十分嫉妒,因为小公主长得貌若天仙。于是她对国王说:

"你得明白,这个你带回家来想娶她为妻的女人是个巫婆,因为她既不能讲话,也不会哭或笑。"

国王对后母的话一点也不在意,他坚持要娶她做妻子。婚后他们一直生活得幸福美满,快乐无比。但小公主一刻也没忘了缝制她那些特殊的帽子和衬衣。

一年之后,白雪红玫瑰生了个小王子,这使老王后更加仇视和忌恨她了。一天深夜,她偷偷溜进了白雪红玫瑰的寝室。当他们熟睡时,她把小王子抱了出来,扔到了蛇窝里,然后她又割破了小公主的手指头,把鲜血涂在白雪红玫瑰的嘴唇上,做完这些事后,老王后就跑到国王那里去了。

"你现在快去看看,你究竟娶了个什么样的王后!"她说,"她吃掉了自己的亲生儿子。"

国王看到这种情形之后,伤心极了。他说:"既然这一切是我亲眼所见,那一定是真的了。但我想王后决不会一直这样下去的。这一定是次意外，这一次我不追究她。"

一年后，小公主又生了一个同她原来的那个儿子一样高贵的小儿子。国王的后母为此更是百般地仇视和记恨，视小王子为眼中钉。一天晚上，在小公主睡熟以后，老王后又悄悄地溜进她的卧室，偷走了小王子。她把他扔进了蛇窝里，然后又割破了小公主的手指头，把血涂抹在她的嘴唇上。干完这一切后，老王后就跑到国王那里去，说白雪红玫瑰又吃掉了她的亲生孩子。国王此时此刻的沉痛心情是难以想象的。他说："当我亲眼看见了这一切后，它一定不会有假。但我想她决不会再干这样的事了。因此我再一次饶恕她。"

第三年过去了。白雪红玫瑰生下了一个女儿。邪恶的老王后同以前一样，又偷走了孩子，把她扔进了蛇窝。在小公主还没醒过来的时候，又割破了她的手指头，把鲜血涂抹在她的嘴唇上。一切安排妥当后，老王后又上国王那儿诬告去了。

"现在你应当去看看我所说的是不是真话。你的妻子是一个地地道道的女巫，因为她把自己的第三个孩子也吃掉了。"

国王再也无法忍受这样巨大的悲痛了。他知道这一次他再也不能宽恕王后了。他下令烧死王后。当火舌点着了柴火，人们正要把王后架在火堆上时，小公主用手比画起来，她请求在火堆周围放十二块木板。她要把她缝制好了的那些给她哥哥们的衣帽，分别放在这些木板上，但最小的那位哥哥的衬衣还差一只左袖。因为她还没来得及赶缝完最后的这一件。当大伙儿刚好把这一切安放好后，只听到空中一阵扑打翅膀的声音，人们看到树林上空急速飞来了十二只天鹅。它们各自用嘴衔走一套放在木板上的衣帽，接着又飞走了。

"你看，"心肠恶毒的老王后对国王说，"现在你总该明白了吧，她的确是个女巫。趁柴火还没有烧尽，赶快把她扔到火里去吧。"

"不用急，"国王说，"柴火我们有的是，我们有整片的森林呢。现在我要等一等，因为我很想看看这件事的结果究竟是怎么样。"

突然，十二位王子骑马疾驰而来。他们个个都年轻英俊潇洒。只是最小的王子的左袖处，仍然是一只鹅翅膀。

"这儿出什么事了？"王子们问道。

"我的王后将要被火烧死，因为她是一个女巫，她吃掉了自己的亲生儿女。"国王回答。

"哦，不，不是这样的。她没有吃掉自己的孩子。"王子们说，"现在你可以开口讲话了，亲爱的妹妹。因为你拯救了我们，因此你也自由了。"

于是，小公主就把真相告诉了国王。她说，每一次她有了孩子，这个老王后到了夜里就对她施下了毒咒，从她身边夺走了孩子，还把她的手指头割伤，用血抹在了她的唇上。王子们把国王领到了蛇窝那儿，只见三个赤条条的孩子，正在那儿捉蛇玩。简直令人难以相信，在蛇窝中竟然会有如此健壮可爱的孩子。

国王把自己的三个孩子带到后母面前，他问老王后，要是有人让一个清白无辜的王后和三个讨人喜爱的孩子遭受了极大的陷害和痛苦，这个人应该被判什么罪。

"这个人应当被捆在十二匹野马间，被撕扯成碎片。"老王后这样回答。她万万没有想到国王会知道她以前干的那些罪恶的勾当。

"这是你自己下的判决，"国王说，"那么就让你自食其果吧！"

于是这心肠邪恶的老王后被拴在了十二匹野马中间，被奔跑的群马撕成了碎片。

白雪红玫瑰带着国王和他们的三个可爱的儿女，还有十二个哥哥一起回家去看望他们的父母亲，告诉了他们发生的这一切。

整个王宫这时候立刻一片欢腾，沉浸在极大的喜悦之中，因为不仅他们的小公主白雪红玫瑰获了救，而且十二位王子也从此被解除了魔法。

黄昏、子夜和黎明

从前，有一对不走运的夫妇。他们本来可以生活得很美满，因为他们家里应有尽有，美中不足的是没有子女。

做妻子的逢人便诉说自己的不幸，因为上帝没有赐给他们子女，他们生活是多么乏味呀！有一天，她正在唉声叹气，一个老妪给她出主意说，她倒垃圾的时候，找出里头的豆子，数数有几颗；她吞下多少颗豆子，就会生出多少个孩子。

女人采纳了这个建议。

她在要倒掉的垃圾里寻找豆子，从最后一筐垃圾里找到三颗豆子，便一口吞了下去。

老妪的主意不错，她的肚子真的一天天大起来，临产了，果然生下了三个男婴。

第一个是傍晚生的，取名黄昏；第二个出生在半夜三更，叫子夜；第三个是天快亮时出生的，叫黎明。

自从家里添丁以后，日子过得紧巴巴的。他们几乎入不敷出。因此，做父亲的天天盼着儿子们快快长大，能自己挣钱糊口。

孩子们长呀长，终于长大成人。父亲发现他们个个身强力壮，到了能干活挣钱的时候，便对他们说：

"喂，孩子们，你们都长大成人了，可以出去干活挣钱糊口啦！"

小伙子们打点好行装，他们的母亲把准备好的食物放进他们的干粮袋里。他们辞别了父母，上路了。

他们在广阔的天地间走走停停，停停走走。走累了，就吹口哨或者唱歌，互相鼓励，无忧无虑。

一天，他们来到王宫，通报了姓名，说明是从什么地方来的，为什么要离开家。最后，他们说他们在找活干。

国王当然不会放过这个机会。宫里有一口井，他正苦于无人知晓该怎样清洗。

因此，国王便对他们说："如果你们能想办法把我的井给洗干净了，你们就可以分别娶我的三个女儿做妻子。"

他们揽下了这份活。到第三天，井洗干净了，井水清澈见底，叫人喝不够。

这时候。小伙子们理所当然地催促国王给他们奖赏——国王的三个女儿。

国王说："我会遵守诺言的，不过，我的三个女儿被三条龙看管起来了，你们得先把她们救出来。"

这席话对兄弟仨的打击可不小，他们没有别的选择，决定去救三位公主，不论看管她们的是谁。

于是，他们离开王宫，走了很长一段路后，便进入一片森林。

"得，"他们说，"就在这儿歇歇吧。"

他们饿极了，黄昏留下来做饭，其他两个出去寻找他们能下到地壳底下的洞。

他们走后，黄昏动手煮饭，一个小矮人从树上冲他叫喊："把饭菜给我，我要吃个饱。"

黄昏回答："见你的鬼去吧。"

"你是说我吗？"

"不说你，说谁？"

"好哇，等着瞧！"小矮人说。

他"噌噌噌"地从树上溜下来，把黄昏摔了个仰面朝天，从火上端起锅，把锅里的食物全扣在黄昏的肚皮上，然后独自放开肚子吃起来，把晚饭全吃光。

黄昏只觉得小肚子疼极了，因为热饭把他的肚皮烫坏了。可是无论如何他都不愿意把这事告诉两个弟弟。

第二天，轮到他和黎明一块去寻找洞口。子夜留下来做饭，然而他的情形也不比哥哥好，太阳快下山的时候，小矮人又把晚饭扣在他肚皮上，然后把饭菜全吃光。

黎明回来以后非常气恼，因为他已经两天没吃东西，

饿极了。为什么饭菜做不出来呢？子夜不肯吐露半点真
情，只是叫苦不迭，像一头地狱里的绵羊，咩咩叫个不停，
倒不是因为饿，而是因为被小矮人烫坏了。

黎明急于知道两个哥哥到底出了什么事，为什么连
一顿晚饭都做不出来。第三天，轮到他留下了。

太阳快下山的时候，他忙着烧饭，正当他搅拌锅里
饭菜的时候，小矮人从树上对他说：

"把饭菜给我，我要吃个饱。"

"见你的鬼去吧。"黎明回答。

"你是说我吗？"

"还能说谁？你这笨蛋。"

"好哇，等着瞧！"

小矮人从树上下来，又要过去摔倒黎明。然而黎明
可不是好惹的。他眼疾手快，揪住小矮人的胡子，把胡
子塞进树缝里。然后他回到锅旁，搅动里面的吃食，以
免烧焦了。

过了一会儿，黄昏和子夜都回来了。他们惊讶地发
现黎明不仅安然无恙，而且还把饭菜做好了，正等着他
们回来哩。他们吃饭的时候，黎明一声不吭。

吃完饭，他对他们说："来，我给你们看件东西。"

在还没看见长胡子被塞进树缝的小矮人之前，他们
想象不出他要给他们看什么。

小矮人开始苦苦哀求他们放了他，并且说，如果他

们还有点崇敬上帝之心，就别再折磨他啦。

黎明对他说，如果他愿意带他们去看他们能下到地壳底下的洞，他就放了他。小矮人一口答应。黎明便用两只手把树缝掰大，小矮人的胡子才得以拽出来。然后他们全跟着小矮人走，来到一个洞口。他们一到那里，小矮人便遁去了。

他们正在琢磨怎样下去。黎明自告奋勇，第一个下去。他们用柳枝拧成一条很长很长的柳绳，好让黎明抓住它下去。下去之前，他要他们在上头等他七年，到那时还不见他回来，他们就可以撂下他不管。如果他叫喊，他们务必要把绳索放下去，他会让三个姑娘先上来，自己最后上。

哥哥们全同意了。

于是，黎明下到地底下很深的地方。

当他触底的时候，发现那里有一座富丽堂皇的宫殿。他走进去，见到国王的长女。

姑娘说："你到这连鸟儿也不敢飞来的地方做什么？难道你不怕死？我丈夫是长着九个脑袋的龙。"

黎明回答："我干吗要害怕？我是来救你的！"

"来救我的？那么，我要设法做点什么，免得你遭殃。戴上这枚戒指，你只要转一转手指上的戒指，就会比原先强壮七倍。"

黎明戴上戒指后坐下。

突然，从远处传来一阵隆隆声。黎明问：

"这是什么声音？莫非打雷啦？"

"不，才不是哩！那是我丈夫，九头龙回来了。你能听到它的脚步声。"

她的话音刚落，只听到有个很沉的东西落在他们面前：原来是龙从一百里外的地方把它的权杖扔回家来了。

再过一小会。龙便出现了。

他皱了皱鼻子，好像闻到了什么。问：

"谁在这儿，婆娘？我闻到生人的气味。"

"会是谁，不就是你的小舅子么！"

"我的小舅子？……太棒了！快去弄几个石头面包和几把木刀子来，再煮点铅面条！"

公主赶忙去劈柴生火。他们俩在分享她端来的石头面包。转眼工夫，他们又把煮好的铅面条一扫而光：

黎明还来不及抹嘴，龙就提出要同他摔跤。黎明当然也乐意，于是便接受了龙的挑战，他们相互把对方重重摔在地上，有一次，其中的一个被摔进地里足有半人深。末了，黎明非常生气，连手指上的戒指也不转动，就使劲把对手摔在地上，龙被摔得连脖子也埋在地里了。他趁势抽出宝剑，把龙的九个脑袋全割下来。

公主涨红着脸朝他奔去，交给他一根魔杖，要他用魔杖敲击桌子，这样，整座宫殿就会变成一只银苹果。

果然如此。

黎明用魔杖敲击桌子，宫殿顿时变成一只银苹果。他拿起苹果，装进自己的干粮袋里。

然后他又上路了，来到第二个宫殿。他在那里看见第二位公主。

"日安！"他向她致意。

"日安！你来这连鸟儿也不敢飞来的地方寻找什么呢？难道你不怕死？我丈夫是长着十二颗脑袋的龙！"

"我干吗要害怕？"黎明说，"我是来救你的！"

"谢天谢地。戴上这枚戒指，要是你转转戒指，你会比原先强壮七倍。"

黎明也把这枚戒指戴在手上。

过了一会儿，就听到龙的脚步声了，它每踏一步便把地震得发颤。龙从一百里外的地方把权杖扔回家来。可是黎明并不惊恐，因为他铭记戒指的威力。

龙冷不防地出现了。

"究竟是谁在这儿，我闻到生人的气味了。"

"还能是谁，不就是你的小舅子吗？"

"我的小舅子！好哇！去拿石头面包和木刀子来，再马上煮点铅面条。"

他们把石头面包和铅面条一扫而光。吃罢，他们就开始摔跤。黎明不费吹灰之力就把十二头的龙制服了。他像他母亲宰小鸡那样，很麻利地结果了龙。龙的十二颗脑袋很快全被割了下来。

公主赶紧朝黎明冲过去，递给他一根魔杖，告诉他，用这根魔杖敲击桌子，整座宫殿就会变成一只金苹果。

黎明用魔杖敲击桌子，宫殿立即变成一只金苹果，他顺手把苹果装进干粮袋里。不过，天啊，最困难的还在后头哩！

现在，黎明走进第三座宫殿，在那里找到最小的公主。她告诉他，她的丈夫，十八头龙很快就要回来了。

黎明又回答说，他正是来救她的。公主同样给了他一枚戒指。在手指上转一转戒指，他就会比原先强壮七倍。

这时候，龙正在回家的路上走，他先把权杖扔回来。权杖把地砸了一个大坑，这坑大得能装下一栋房子。

龙一到家就气急败坏，很粗鲁地冲妻子嚷嚷：

"嘿！叫你呢，婆娘，谁在这儿？我闻到生人的气味了！"

"是你小舅子呗！"

"这是哪门子的小舅子呀！唔，拿石头面包和木刀子来，再给我们煮点铅面条！"

姑娘拿来一块干草垛大小的石头面包和一把大门板似的木刀子，很快又端来热气腾腾的铅面条。他们狼吞虎咽，肚子吃得鼓鼓的，像一只木桶。

吃饱喝足后，龙要黎明陪它摔跤，帮助消化。他们开始摔跤，双方势均力敌，不分上下。有时候黎明被扔进地里有半个人深，有时候龙被扔进地里；有时候，黎明被扔进地里，连脖子也被埋在里头，有时候是龙被扔进地里。

当黎明发现他的努力都不奏效时，便豁出去了，动手把龙脑袋一个接一个地割下来。他一共割下十七颗脑袋，还剩下一颗。但是，这颗脑袋他怎么也砍不下来。

龙怒吼、尖叫，令人毛骨悚然，而且要妻子给它一杯水。她取来水，可是没递给它，黎明趁机夺过来喝了。然后，他转了转手上的戒指，突然变得力大无比，终于把龙的最后一颗脑袋割下来。

他用公主递给他的魔杖敲击桌子，顷刻间，整座宫殿变成一只钻石苹果，他顺手把它同其他苹果放在一起。

现在，他还得去把姑娘们找来！

噫，这不难，她们都在一起等候他哩。

他领着她们直奔洞底，从那里朝上喊话。他的两个哥哥还在上面，听到喊声，马上放下绳索。

他们先把国王的大女儿拉上去，然后拉老二。可是，当他们一看见二公主的模样，便开始争吵起来，因为他们俩都想娶更漂亮些的做妻子。

当最小的公主被拽上去以后，噢，他们吵得更凶了。

在第四次放下绳索的时候，黎明想考验考验他的两个哥哥。

他没有把自己，而是把一块大石头捆在绳索上。

起先，黄昏和子夜还用劲往上拉了一会，然而，当他们拉到一半时，又把绳子放下去了。

石头"砰"地一声掉下去，差点把黎明砸死。

他厌恶地摇摇头，却没有吭声，只是暗自思忖：人都是无赖。值得庆幸的是他没让自己被拉上去，否则必死无疑了。

现在怎么办，去哪儿？他闲逛了一阵，末了来到一间小屋子。一个盲人和他的盲妻住在里头。原来有一天，他们偶然赶着羊群越过二十四头龙疆土的时候，眼睛全被龙抠走了。

黎明走进屋里，发现盲人夫妇正在吃很简单的饭菜。他也饿了，便偷了他们的肉，不声不响地吃起来。

盲人问妻子："你把肉全吃啦？怎么盘子里什么也没有呀。"

妇人回答说，她真的没吃！

盲人觉得蹊跷，便问：

"谁在这儿？你是好人还是坏人？快坦白，说出你是谁？"

"我是好人。"黎明回答。

他讲述了自己的经历，他是谁，为什么来到这里，等等。听完，盲人夫妇也叙述了他们的遭遇，于是他们三人成了朋友。

黎明除了受雇当他们的羊倌之外，还有什么办法呢？他们告诫他不要越过疆界，否则二十四头龙准会杀死他。

黎明答应听从他们的嘱咐，可是后来他忘记了他们的告诫，赶着羊群越过疆界。因此，他同龙进行了一场殊死的搏斗。末了，他耍着玩似的割下龙的二十三颗脑袋。仿佛这些脑袋是黄油做的，他正要去割第二十四颗脑袋时，龙开始苦苦哀求：

　　"噢，别割下我最后一颗脑袋！把脑袋留下给我，我还眼睛给盲人夫妇。"

　　"眼睛在哪儿？"

　　"在树顶上的一只锅里！"

　　"去拿来，你这畜生！"黎明大声呵斥。

　　龙赶快把眼睛取来。黎明一把将眼睛塞进口袋里，顺势一刀把龙剩下的脑袋砍下来。然后，他赶着羊群回到老夫妇家。

爱 父 亲 如 盐

　　从前有一个国王，他有三个女儿：一个褐色头发，一个栗色头发，一个金色头发。大女儿是个丑姑娘，二女儿长相平平，只有小女儿不仅人长得美，心地也善良。两个姐姐都很嫉妒她。国王有三个御座：一个是白色的，一个是红色的，还有一个黑色的。当他高兴的时候，就去坐白色的御座，心情一般时就会坐红色的，发怒的时候则会坐到黑色的御座上。

　　一天，国王被两个大女儿惹得生气了，他坐到了黑色的御座上。女儿们看到父亲生气，就来到他身边，跟他撒娇。大女儿说："父王，您休息好了吗，您坐到黑宝座上是不是在生我的气？"

　　"是生你的气。"

　　"为什么呢，父王？"

　　"因为你根本不爱我。"

"我不爱你？父王，我很爱你。"

"怎么爱？"

"就像爱面包一样。"

国王舒了口气，没再说什么，大女儿的回答让他觉得很满意。

二女儿来了："父王，您休息好了吗，为什么坐到了黑宝座上？不会是在生我的气吧？"

"是生你的气。"

"为什么呢，父王？"

"因为你根本不爱我。"

"但我其实是那么地爱您……"

"怎么爱？"

"就像爱葡萄酒一样。"

国王在嘴里嘟囔了几句什么后，看上去心满意足了。

小女儿喜滋滋地也走上前来："噢，父王，您休息好了吗？怎么坐在黑宝座上？为什么？不会是生我的气吧？"

"是生你的气，因为连你也不爱我。"

"我很爱您呀！"

"怎么爱？"

"就像爱盐一样！"

听到这句回答，国王顿时大怒。"像盐一样！像盐一样！啊，邪恶的人！快滚开！我再也不想见到你了！"说完，他吩咐侍卫把小女儿带到树林中处死。

王后是真心疼爱小女儿的，当她得知国王的那道命令时，便想方设法要把小女儿救下来。王宫中有一座很大的银制蜡烛台，里边可以藏人，王后便把吉佐拉（小女儿是叫这个名字）藏在了里边。然后，王后对她最信得过的侍从说："你去把这个蜡烛台拿去卖掉，当人们问你价钱时，你看他要是个穷人就要高价，要是个王公贵族就低价卖了。"吩咐完，她拥抱了女儿，千叮咛万嘱咐后，又在烛台中放了些干无花果、巧克力和甜饼。

侍从带着烛台来到广场上，有很多人来问售价，要是他不喜欢这个人，就说一个很高的价，把人吓走。最后，高塔国的王子经过这里，他前后左右仔细地看了看烛台，然后问价格，侍从说了一个低价，王子便让人把烛台送到了他的王宫。王子把它摆放在餐厅里，所有进来就餐的人都惊叹烛台精巧的工艺。

到了晚上，王子要出宫去社交。因为他不喜欢有人在家里等他回来，所以仆人们给他准备好晚餐后就自行休息了。吉佐拉听到餐厅里人都散去了，就从烛台里跳出来，把桌上的饭菜吃了个精光，然后又钻回到烛台里。

王子回宫后，看到什么吃的东西也没有，把所有的铃都敲响了，对仆人们大发雷霆。仆人们发誓说，他们准备好了晚餐，一定是被猫狗给吃了。

"要是下次再发生类似的事情，我就把你们全都赶出去。"王子说完，让人端上另一份晚餐，吃完后，回房睡觉了。

第二天晚上，尽管餐厅所有的门都锁好了，但还是发生了同样的事情。王子气得大喊大叫，几乎把宫殿都震塌了，但随后又说："我倒要看看明天晚上是不是还会发生这样的事。"

第三天晚上，他怎么办呢？他躲在餐桌下，垂到地板的巨大台布把他遮在了里面。仆人们进来，摆好了餐具和饭菜后，把猫狗牵了出去，然后又把门锁好。仆人们刚一出去，烛台就打开了一扇门，美丽的吉佐拉从里面钻了出来，她走到餐桌旁，狼吞虎咽地大吃起来。王子跳了出来，一把抓住了吉佐拉的胳膊，吉佐拉想逃走，但王子抓牢了她。于是吉佐拉跪在王子面前，向他从头至尾讲述了自己的遭遇。王子已经深深爱上了她。他让她平静下来，对她说："好吧，既然这样，我就告诉你，我会娶你为妻的。现在你先回到烛台里边去吧。"

躺在床上，王子一夜未眠，他已经坠入情网了。到了早上，他吩咐把那个烛台搬到他的房间里来，说它太漂亮了，他想要在夜里也看见它在身边。随后，他又说自己饿了，吩咐人给他送来双份吃的。就这样，仆人们按照他的吩咐送来了咖啡，随后是丰盛的早餐，然后又是午餐，全部是双份。仆人们刚端着托盘出去，王子就锁上门，招呼吉佐拉出来，两人高高兴兴地吃起来。

王后每次独有一人在餐桌上进餐，她叹着气说："我的儿子怎么老是躲着我不下来吃饭，我什么事得罪他了？"

王子一再劝母亲，让她别担心，他只是有自己的事要办。直到有一天，他告诉母亲："我要结婚了！"

"新娘是谁？"王后满心欢喜地问。

王子回答："我想娶那个烛台！"

"哎呀，我的儿子疯了！"王后双手捂住自己的眼睛，说道。但儿子是认真说的。王后苦口婆心地开导他，让他想想别人会怎么说，但王子主意已定，并吩咐要在八天之内做好婚礼的准备工作。

婚礼那天，一队马车从王宫出发，头一辆车上坐着王子，身边是那个蜡烛台。到了教堂，王子让人把烛台搬到了圣坛前。仪式正式开始的时候，他拿出烛台，吉佐拉从里边跳了出来。只见她一身锦缎，脖子上和耳垂上挂着珍贵的宝石，光芒四射。结婚仪式后，他们又回到了王宫，向王后讲述了全部经过。聪明的王后听了后，说："这样的父亲我要好好地教训教训他。"

王后举行婚宴，邀请了附近所有的国王来赴宴，吉佐拉的父亲也来了。王后吩咐为吉佐拉的父亲准备了一份专门的饭菜，每一道菜里都不放盐。王后对宾客们说，新娘不舒服，无法出来陪宴。大家便开始吃了。但那个国王的汤里一点味道也没有，他心里直犯嘀咕：这个厨师，竟然忘了在汤里放盐了。他喝不下去，只好把汤都剩下了。

主菜上来了，但他的菜里也没放盐。国王只好又放下叉子。

"陛下，您为什么不吃啊？不喜欢？"

"不，好吃极了，好吃极了。"

"那您为什么没吃呢？"

"嗯，我觉得不太舒服。"

国王勉勉强强又起一块肉，塞进嘴里。但是，他虽然细细咀嚼，但是怎么也无法下咽。他这时候想起小女儿对他说的话，像爱盐一样爱他，于是他感到后悔、悲痛，最后，大哭起来，说道："噢，我真不幸，做了什么事啊！"

王后问他怎么了，他便开始把吉佐拉的事情经过说给她听。于是王后站起来，吩咐请可爱的新娘进来。见到吉佐拉，国王一面拥抱她，一面哭泣，问她是如何来到这里的，仿佛她是起死回生一般。后来，他们又差人把她的母亲也接了过来，重新举行了婚礼，并且每天举行一次晚会，我想他们现在还在那里跳舞呢。

列那狐的故事

第一章 列那狐的诞生

　　很久很久以前，亚当和夏娃因为偷吃了伊甸园里的禁果，被上帝从那里赶了出来，放逐到旷野上。刚开始的时候，没有了上帝的约束，他们可以随心所欲地做自己想做的事，这种自由自在的感觉真是不错！然而好景不长，没过多久，他们就发现，自由的代价实在是太大了。以前在伊甸园的时候，亚当和夏娃从来都不用为衣食发愁，可是现在却要辛勤地劳动，还总是吃不饱穿不暖，生活过得十分艰辛。看着自己亲手创造的人在受苦受难，严厉而慈悲的上帝并没有完全撒手不管。

　　有一天，亚当和夏娃为了寻找食物而累得筋疲力尽，他们只吃了一些小鱼小虾，肚子饿得咕咕直叫。两人愁闷地坐在海边，谁都没说话。上帝走到他俩面前，对亚当说："亚当，独立生活需要很大的勇气和智慧，你现在还没有足够的能力去创造一个富饶的世界。"亚当听了，惭愧地低下头去。"这根神棒送给你，你只要用它轻打水面，就能得到有用的动物。但是，我得郑重提醒你，千万不要让夏娃用这根神棒去敲打水面！倘若她去敲打水面，跳出来的动物对你俩绝没有一点好处。一定要记住啊！"上帝说完，一转眼就不见了，亚当发现自己的手里多了一根精致的榛树棒。

夏娃对上帝不让她使用这根神棒有一肚子意见，她很好奇，这样的一根棒子能从水里打出什么东西来呢？她迫不及待地催促亚当："快，快，你快试一试！亚当，用力打水！"

亚当举起树棒，用力地敲打水面，果然，奇迹出现了。一只母绵羊和一只小羊羔跳出水面，来到他身边。这下可好了，柔软的羊毛可以做成舒服的衣服，新鲜的羊奶可以做成美味的干酪和奶油，而且他们还能吃到鲜嫩的羊肉。

"哇，这下可好了，我们的好日子来了！"夏娃高兴得手舞足蹈。可是，夏娃看到绵羊，心里想，要是还能再多几只这样的绵羊就更好了。她对亚当说："你让我来试一试。"看到夏娃兴高采烈的样子，亚当忘记了上帝的警告，把手里的树棒交给了夏娃。

夏娃接过树棒，朝水面拍打过去。刹那间，一头凶恶的狼从水里蹿出来，它猛地扑到母羊身上，叼起它就朝远处的树林里跑去，夏娃被吓得大声尖叫起来。上帝的预言灵验了！

　　"你看，就是因为你不听上帝的警告，我们失去了一只多么珍贵的动物，现在怎么办呢？"亚当从夏娃手里夺回树棒，气愤地向地面打着。可是，因为当时亚当就站在海边，树棒的一端还是碰到了水，又一头像狼一样的动物跳了出来。

　　夏娃见了哈哈大笑："你犯得着这么生气吗？你看，你用神棒的结果比我也好不到哪儿去……"可是，话还没说完，她就发现自己错了。那只像狼一样的动物在亚当的腿边亲昵地蹭来蹭去，用鼻子轻轻地嗅着，还伸出舌头来舔他，朝着他摇头摆尾，原来这是一条狗。狗飞快地向狼刚才逃跑的方向追过去，在树林里勇猛地和狼搏斗，帮他们把绵羊救了回来。

　　有了这次教训之后，亚当再也不敢把榛树棒交给夏娃了。他不知道如果再让夏娃拿着树棒去敲打水面，会有什么可怕的动物出来。亚当把它藏在一个很隐蔽的地方，就连他自己用的时候，也小心翼翼。后来，他用树棒在水面敲出了马、牛、鸡，还有兔子等各种各样有用的动物，这些温顺的动物让他们的生活变得越来越丰富。

　　可是，亚当越是不让夏娃使用这根神奇的树棒，夏娃越觉得不甘心。有一天，她偷偷地跟在亚当的身后，终于发现了他藏树棒的地方。趁着亚当不在的时候，夏娃悄悄地拿起树棒，跑到海边去敲打水面。她从水里敲打出的动物，不是老虎、狮子、狗熊等这样凶猛的野兽，就是蛇、蝎子这些有毒的动物。这些动物一上岸就向四处跑开了，它们躲藏在树林、草丛、洞穴中，伺机出击。可想而知，从此以后，平静的生活就被打破了，世界也不会太平了。

有一次，夏娃又偷了树棒去敲打水面，恰巧被亚当撞见了。亚当想起之前那一次可怕的经历，急忙去抢她手中的棒子，可夏娃却偏不肯松手，最后两人一起紧握着神棒打到了水。一只动物从水里慢慢地走了上来，这只动物看上去有点奇怪，它长得很像老虎，可是却比老虎要小巧得多。它朝亚当和夏娃"喵喵"地叫着，看上去很温驯的样子。夏娃伸出手想去摸摸它，不料它却伸出爪子把夏娃的手都挠出血来了。原来，这是一只猫。

夏娃狠狠地瞪了亚当一眼，一把抢过神棒，"啪"地一下，把榛树棒折成了两截。她用力一扔，把棒子扔到海里去了。顿时，海面上又掀起一阵狂风巨浪，在汹涌而来的波涛中，有一只奇怪的动物从水面跃了出来。

这只动物看上去似狼非狼，似狗非狗。它长着两只尖尖的耳朵，鼻子又尖又灵，一双水灵灵的菱形的眼睛滴溜溜地乱转，四条腿像弹簧似的灵活自如。它身上橙红的毛皮光滑柔亮，就像丝绸一般。而让人尤为注目的是它那条毛茸茸、蓬松松的大尾巴，夏娃想：要是用这

条尾巴来做围巾，到了冬天，不知道该有多暖和呢。她看到这只动物坐在那里一动也不动，就走过去想要抱住它。可是，夏娃的手刚一碰到那个家伙，就见它灵活地一扭细长的腰身，大尾巴拂过夏娃的脸，一股难闻的骚味弥漫开来。夏娃忙不迭地去捂鼻子，可来不及了，还是被这个气味熏得晕头转向。谁叫她去冒犯一只尊贵的狐狸呢？这只美丽而狡猾的火红色狐狸，就是列那，是上帝的神棒创造出来的最后一个动物。列那眯缝起那双细长的眼睛，对夏娃冷笑一声，大摇大摆地走开了。

狐狸列那诞生了，好戏就要开场啦！

第二章 列那的亲戚朋友

狐狸列那离开亚当和夏娃之后，在森林里和草原上四处游荡。最后，他在一个叫"马贝渡"的地方停下了自己的脚步。这里到处都是茂密的森林、青青的草地，鲜花盛开，溪水潺潺，风景十分秀丽，列那决定把自己的家安在这儿。

他在马贝渡修建了一座坚固的城堡，还娶了一位漂亮的妻子，她的名字叫丽舍。列那和丽舍深爱着对方，他们还生了两只淘气又可爱的小狐狸——马尔布朗什和贝尔斯艾。列那每天都会离开马贝渡城堡，想方设法去外面为全家寻找食物，而丽舍就在家里照顾两个孩子，一家四口生活得其乐融融。

列那还认了一位叫"伊桑格兰"的狼为叔叔。说实在话，他和伊桑格兰一点亲戚关系都没有。不过，伊桑格兰是狮王诺布尔手下的一位侯爵，他有权有势，所以列那才会亲热地管这位和他八竿子都打不着的亲戚叫"叔叔"。正因如此，伊桑格兰虽然对别的动物凶狠异常，但是对这位"侄子"却言听计从。虽然列那经常会想些稀奇古怪的招数来捉弄他，把他耍得团团转，可是伊桑格兰总觉得是自己运气不好，一点都没有发现那些倒霉的事情全是列那在背后捣的鬼。甚至连他的妻子艾尔桑也很喜欢列那，总是把他当成自己的孩子一样来疼爱，有什么好吃的都会记着给这位"侄子"留一份。

猪獾格兰贝尔才是列那真正的亲戚，他们俩是表兄弟。格兰贝尔为人忠厚老实，对列那一家爱护有加。在列那遇到困难的时候，他总是愿意伸出援助之手。

花猫蒂贝尔自称是列那的朋友，他的聪明才智和列那不相上下。他们俩在一起的时候，总是免不了要斗智斗勇一番，虽然谁也没能占到对方的便宜。他俩的"友谊"也时不时要经受仇恨的考验。

狮王诺布尔是整个动物王国的主宰，他喜欢向臣民们炫耀他至高无上的权威。大家拜倒在狮王锋利的爪子和牙齿下，无不心悦诚服。每次动物们发生纠纷的时候，狮王都会根据双方向他进献的财宝的多少做出"公平"

的裁决。促使他做出这种决定的还有他的夫人狮后菲燕儿，谁让她最喜欢的就是亮闪闪的珍珠和贵重的宝石呢！

列那还有很多其他的朋友，比如伊桑格兰的弟弟普利莫。普利莫在别人面前总是一副威风凛凛、智勇双全的样子。他最擅长"学习"，经常会仔细地模仿聪明人说话的腔调和样子，至于别人为什么这样说、这样做，就不在他思考的范围内了。因此，他的聪明才智就一直保持在原有的水平上。

至于狗熊布朗，他的智慧和他的身材刚好成反比。他除了能用他大力士一样的外表去吓唬吓唬那些不明就里的人以外，其他人，只要你跟他说起蜂蜜这两个字，保证他连自己叫什么名字都会想不起来。

野猪泊桑老实巴交，他一天到晚在地里翻来拱去，找东找西。猴子关德罗则恰恰相反，他每天无所事事，在森林里晃来荡去，整天乐呵呵的，从来没有为明天发过愁。乌鸦铁斯兰是位森林广播员，不管你什么时候见到他，他总是穿着一身笔挺的黑西装，板着脸严肃地为大家播报森林里大大小小的新闻。

相比其他那些经常被列那骗了还稀里糊涂、什么也不知道的朋友，秃鹫莫弗拉就聪明多了。虽然他也很容易轻信列那的花言巧语，但是到了关键时刻，他还能保持冷静，想出办法将自己从困境中解救出来。因此，列那也不敢轻易开他的玩笑。

公鸡尚特克莱尔数次从狐口下逃生，他宣布和列那断绝朋友关系。列那虽然对美味的鸡肉十分垂涎，可尚特克莱尔总是小心翼翼的和他保持着距离，让列那始终无法如愿。还有列那其他的朋友，像小狗柯尔脱、蟋蟀弗洛贝尔、白颊鸟梅赏支、野兔兰姆、麻雀特路恩，在上过列那的当之后，就再也不肯和他亲近了，这让列那倍感遗憾，时不时抱怨朋友们对他不信任，感慨他们都不如自己那样"可靠"和"真诚"。

第三章 神秘失踪的腌猪肉

一天早晨，列那经过伊桑格兰家的时候，一股诱人的香味从屋子里飘出来。列那耸耸自己的尖鼻子，心想："这不正是一个吃早餐的好地方吗？"他揉揉眼睛，把两只耳朵耷拉下来，然后又在地上打了几个滚，把全身弄得脏兮兮的。列那看看自己这副可怜巴巴的样子，这才满意地装出步履蹒跚的样子朝伊桑格兰家走去。

伊桑格兰见到列那，不由得大吃一惊："哎呀，我最亲爱的侄子，你这是怎么啦？你气色不太好，是不是生病了？"

"唉，叔叔，我有些头晕。"列那有气无力地说，"你看，我连一小步也走不动啦。"

伊桑格兰赶紧上前搀扶住他："你还没吃饭吧？"

"没有，可是我一点胃口也没有，什么也吃不下。"列那尽量把全身的重量都靠在伊桑格兰身上。

"行了，你什么都别说了，吃点东西很快就会好起来的。"伊桑格兰转过头去叫他的夫人，"艾尔桑，艾尔桑，赶快起床。你的好侄子有点不舒服，要是能吃上一串你做的猪腰，保证他很快就会好起来的。"

艾尔桑连忙从床上爬起来，跑进厨房乒乒乓乓地忙开了。

列那坐在桌子前，眯缝着眼睛装出闭目养神的样子，可是鼻尖还萦绕着刚才在屋外闻到的那股子香味。他抬起头，左看看右看看，突然眼睛一亮，发现屋顶上挂着三块肥美的腌猪肉，香味正是从那里传出来的。

"啊呀，我最尊敬的叔叔。"列那眼珠子滴溜溜地转着，一会儿计上心头。"虽然我病得一点力气也没有了，可是我不得不多说一句，您的腌猪肉挂在那里实在是太危险了。您这样热情好客，为人又大方，要是您的亲戚呀、朋友什么的看到了，想要跟您要一片尝尝，您肯定不好意思拒绝。我要是您，就会马上把它们藏到一个谁也找不到的地方，然后大张旗鼓地告诉所有人，说我的肉被偷走了。"

"这我可不担心。"伊桑格兰大大咧咧地说，"欢迎大家来参观我的腌猪肉，可以来闻闻它们的香味儿，但是谁也不能动嘴咬。"

"要是他们请求您让他们尝一尝滋味儿呢？"

"哼，求我也没用。这肉我谁也不会给，哪怕是我的侄子你，我的弟弟普利莫，至于其他人，就更不用说了。"

列那理解地点点头，幸好这时艾尔桑已经把猪腰串做好了，这才帮列那把口水咽回自己的肚子里。他三口两口就把猪腰串吃完，再拿起餐巾，把嘴上的油擦擦干净，然后很有风度地向伊桑格兰夫妇的盛情款待表示了感谢，便告辞回家了。

第二天晚上，列那趁着漆黑的夜色，又来到了伊桑格兰的屋前。他竖起耳朵在屋外静静地站了好一会儿，只听到伊桑格兰一家呼呼大睡的声音，这才蹑手蹑脚地爬上屋顶。他用爪子轻轻拨开杂草和碎土，再一点一点地朝里面挖起来。列那从洞口钻了进去，看到那三块腌猪肉还好好地挂在那里，他猛咽了几下口水，提醒自己一定要快。他轻手轻脚地把腌猪肉一块不剩地都取了下来，再回过头去看看，伊桑格兰一家睡得正香，还时不时吧嗒一下嘴巴，是不是梦见了肥美的腌猪肉呢？列那偷偷地笑了笑，然后迅速返回自己家中。

三块腌猪肉实在是太重了，列那回到家的时候，累得直喘气。他叫醒了丽舍和两个孩子，大家看到他手里的美味，不由得欢呼起来。列那一下子觉得刚才的辛苦真是太值得了，他摆摆手，示意家人都安静下来，敞开肚皮开始这场秘密的盛宴吧！

第二天早上，伊桑格兰睁开睡眼，习惯性地去看了看他最心爱的腌猪肉。咦，这是怎么啦？他揉揉眼睛，瞪圆了眼仔细看过去：是的，屋顶被挖了一个洞，明亮的阳光照在以前挂腌猪肉的地方，可是那里空荡荡的，什么也没有。"我的腌猪肉呀！"伊桑格兰痛苦地号叫起来，"我的腌猪肉被偷啦！艾尔桑！艾尔桑！我们的腌猪肉被该死的贼偷走啦！"

艾尔桑从睡梦中惊醒，吓得一下子跳了起来："腌猪肉，我们的腌猪肉怎么啦？"她看到腌猪肉真的不见了，顿时痛苦地叫得比伊桑格兰还要响："啊！是谁偷走了我们的腌猪肉？我一定饶不了他。"伊桑格兰夫妇哭天抢地地咒骂个不停，可是他们绞尽脑汁也猜不出是谁有这么大的胆子敢到他们家来偷东西。

左邻右舍都被伊桑格兰夫妇的哭叫声惊醒了，可是谁也不敢走近去劝慰他们一句，谁又敢保证自己不会被正在气头上的伊桑格兰和艾尔桑做成腌肉呢！这时，列那来了。他一改昨天病恹恹的样子，神清气爽，精神焕发。"嗨，叔叔，您这是怎么啦？您的样子看上去很糟糕，不会是也生病了吧？"

"生病？我还宁愿是生病了呢！"伊桑格兰吼叫着，"还记得我的腌猪肉吗？不知道被哪个该死的家伙偷走啦！"

"哈！"列那笑着向伊桑格兰竖起了大拇指，轻声说，

"我的好叔叔，您演得太逼真了，不用感谢我给您出的好主意。接下来，您应该到大街上四处喊叫一番，这样就再也没有人会打您那些腌肉的主意了。"

"列那，我的侄子，我敢发誓，我的腌肉真的被偷了！"伊桑格兰眼泪汪汪地说，"我一睁开眼睛它们就不见了。"

"得了吧，叔叔，这些话您留着去说给别人听吧。"列那露出一个嘲讽的微笑，"在我面前您就不用再装了，我知道您是听了我昨天的建议，把腌肉藏到了一个谁也找不到的地方。您这样做得很好，不管怎样，我都会支持您的。"

"怎么！你这个幸灾乐祸的家伙，你竟然不相信我说的话吗？"伊桑格兰龇牙咧嘴，满脸痛苦地说，"我告诉你，要是让我找出那个偷腌肉的家伙，我一定会把他撕成碎片！"

"行呀，您还可以再狠一点，这样大家才会相信您说的。至于我嘛，就不用说这样的话了，反正事实的真相如何我们都心知肚明。"

"哎哟，列那，我的侄子，"艾尔桑忍不住插嘴了，"你叔叔说的千真万确，我们的腌肉真的被偷走了。如果还在的话，我肯定愿意像昨天做猪腰串一样做上一片给你吃的。"

"是的，是的，你们的腌肉被可恶的贼偷走啦！"

列那笑了笑，又压低嗓门说，"说实在话，就算您为了让大家对此深信不疑，也用不着把自己的屋顶挖个洞呀，这样补起来可不是一个小工程哦！"

"事实上小偷就是从那个洞钻进来的。"

"当然，您这样做就更没有人会怀疑了，比我的那个主意要高明多啦。"

"哼！这件事情我绝不会就这样算了。"伊桑格兰气得咬牙切齿，"要是被我抓到，他就要倒大霉了！"

"的确应该如此。"列那点点头，又抬高声音说，"叔叔，我现在就到林子里去转转，帮您查查到底是谁这么大的胆子，竟然敢偷到您头上来了。"说完，他撇着嘴暗笑了一下，起身告辞了。

第四章 倒霉的乌鸦和幸运的兔子

列那从伊桑格兰家出来后，路上经过一个农庄。看着那一只只肥美的鸡，他毫不犹豫地冲了进去，打算洗劫一番。不过这次他的运气可不怎么好，一只鸡都没抓到就被猎狗团团围住，差点儿被咬死。列那使出浑身解数，左冲右突，好不容易才逃出重围。

列那一口气跑了老远，才慢慢停下脚步检查自己身上的伤口。左肩上被猎狗咬了两口，腿上也伤痕累累。刚刚跑的时候不觉得痛，这会儿血正流个不停呢。列那在心里暗叫倒霉，忽然听到头上传来一阵叽叽喳喳的议论声。他抬头一看，是乌鸦铁斯兰、鲁阿尔和布鲁娜。他们站在高高的树枝上，对着列那指指点点，嘲笑他的狼狈样儿。列那龇牙咧嘴，虚张声势地想要扑上去让他们闭嘴，结果三只乌鸦却笑得更大声了。他们料准了列那这会儿受了伤，又没有翅膀，拿他们没有办法。

"可恶的家伙，以为我真的对你们无可奈何吗？"列那在心里恨恨地想着。他的眼珠转了转，很快就有了主意。列那佯装着朝铁斯兰他们扑了过去，刚刚才跳起来就"扑通"一下栽倒在地上，两条腿抽搐了两下，就再也没有动静了。

乌鸦们在树枝上等了一会儿，发现列那一动也不动，就立刻飞到最底层的树枝上，想要看个究竟。他们看到列那身子直挺挺的，翻着白眼，舌头吐得老长，腿上还在流血，看样子好像真的死了。

"哈，这个可恶的家伙终于完蛋了！"老乌鸦鲁阿尔高兴得呱呱直叫，"今天是为我们那些不幸丧生在他手上的同伴们报仇的好机会，不管他再怎么狡猾今天也要变成我们的晚餐啦。"

"可是，你怎么确定他是真的死了呢？"铁斯兰迟疑地问。

"你瞧，他被咬得浑身是伤，这会儿还血流不止，我可以肯定他死了。"

"没错，他完蛋了。"乌鸦布鲁娜说，"让我去试试就知道了。"她从树枝上俯冲下来，飞快地在列那正流着血的腿上啄了一下。列那痛得差点儿跳起来，可他还是坚持屏住呼吸，僵硬地躺在那里。

"看到了吗？他肯定是死了。"布鲁娜抬头对同伴们说，"他是我的晚餐，我要先尝尝他的舌头。"

布鲁娜三跳两跳地来到列那的头旁边，看着他那条鲜红的舌头，她得意扬扬地催促着伙伴们："你们这两个胆小鬼，快点下来呀，一起尝尝看味道怎么样。"就在她转过头去说话的那一刹那，列那闪电般地抬起头，一口咬住布鲁娜的脖子。铁斯兰和鲁阿尔吓得腾空飞起，落荒而逃。只有可怜的布鲁娜，这么一眨眼的工夫就丢掉了自己的性命。

"你们放心吧，我会给她举行一个隆重的葬礼。"列那朝远去的乌鸦们喊着，然后叼起布鲁娜，回到了马贝渡的家里。至于布鲁娜的"葬礼"，不用想就知道是个什么情形。列那让孩子们生火，又吩咐丽舍准备各种调料，想尽办法才把又粗又乏味的乌鸦肉做成一顿还算可口的美餐。

吃过饭后，丽舍把桌上的剩饭剩菜收拾干净，列那则腆着肚皮出门去散步。才刚走到门口，就看到野兔兰姆从他家门前经过。列那大步向前，拦住了兰姆，热情地跟他打招呼："嗨，朋友，好久不见了，最近在忙什么呀？"

兰姆第一次看到列那对自己这么亲切，不由吓了一大跳，他有点不知所措，吞吞吐吐地说："没，没什么，我还没吃饭，肚子很饿，准备去找点吃的。"说完他就想从列那身边绕过去。

"别呀，这么着急干什么？"列那伸出手拦住他，客气地说，"哎呀，我的老朋友，你都到了我的家门口，不如就在我家吃个便饭好了。虽然只是粗茶淡饭，但那些新鲜的水果和嫩草，我想一定很合你的口味。"

就算列那家里有山珍海味，兰姆也绝不想踏进他家半步。可是那些拒绝的话，他连半个字儿也不敢说出来。他慌慌张张地向列那道了谢，两脚打战地跟着他进了屋。

列那帮兰姆搬来一把椅子，丽舍捧来一些樱桃放在餐桌上。兰姆坐在餐桌旁，小心翼翼地吃着。列那陪在旁边，一边跟兰姆东拉西扯，时不时用狡猾的眼光盯着他。兰姆在列那的注视下坐立不安，心惊肉跳。

就在这时，列那的儿子贝尔斯艾走了进来。这是个贪吃的家伙，他看到桌子上红艳艳的樱桃，就走过去想尝尝樱桃的滋味。他的靠近让兰姆紧张得再也坐不住了，两只耳朵像两把利剑一样竖起来，整个人像弹簧似的一下子就蹦到了门口。

列那眼看着到嘴的美味要逃掉了，就在瞬间发起了攻击。他猛地扑到兰姆的身上，对着他的鼻子狠狠地咬了下去。鲜血从鼻孔里流出来，兰姆满脸是伤，眼看就要性命不保。在这千钧一发的生死关头，兰姆用尽全身的力气做最后的挣扎。他两腿往地上用力一蹬，高高跃起，从列那头上越过去，夺门而逃。这突如其来的反击让列那惊呆了，他手足无措，只能眼睁睁地看着兰姆连蹦带跳，一眨眼就消失在对面的树林里。

要知道兔肉可比乌鸦肉要美味多了，眼看着都吃到嘴边了竟然还给跑了，列那别提多懊恼了。刚刚抓兔子时不小心又把伤口给挣开了，列那疼痛难忍，连想把贝尔斯艾揍一顿出出气的劲儿都没了，看来要到床上休养几天才行呀，这次可真是得不偿失。

第五章 列那偷鱼

每当寒冬来临的时候，森林里的居民们都勒紧了腰带，过着苦日子。这个冬天，列那已经去外面借了好几次粮，可每次都空手而归。在这种鬼天气，家家都揭不开锅，谁还有多余的粮借给别人呢。

这天早上，天像往常一样阴沉，外面下着雪。列那待在家里，看着空空的食橱发呆，丽舍愁眉苦脸地坐在安乐椅上长吁短叹。

"家里什么也没有了。"她摇摇头说，"什么吃的都没了。小家伙们一会儿就要回来了，他们一进门肯定就吵着要吃的。唉，你说我们该怎么办，能吃的东西我已经全部都塞到他们肚子里去了。"

一说到吃的，列那觉得自己的肚子更饿了。"我再出去碰碰运气吧。"他长叹了一声，"天气这么冷，我也不知道哪儿能找得到吃的。"

可他还是出去了，作为一家之主，他宁愿自己饿肚子也不愿看到妻子和孩子们饿得直哭。他暗暗地下定决心，弄不到吃的就不回来。如果不能打败"饥饿"这个魔鬼，那一家子都熬不过这个冬天。

列那先来到小河边的树林里，钻进一片灌木丛，在那里守候了一会儿，什么也没看到。他只好钻出灌木丛，在光秃秃的树林里慢慢地走着，东瞧瞧，西望望，看哪里能找到什么吃的。

就这样，他一直走到树林边的大路上。列那蜷缩在车辙中间，刺骨的寒风一阵阵掠过他的皮毛，抽打着他的眼睛。他抱着一丝希望，时不时伸长脖子，朝远处张望。

大路上空无一人，列那站起来，来到斜坡上的一道树篱前。突然间，又一阵大风刮过，远处飘来一股诱人的香味，这香味一直飘到列那的鼻子里。列那立刻抬起头，耸耸鼻子，用力吸了一口气。

"这应该是鱼的味儿。"他喃喃自语道，"难道是我饿得太厉害了吗？可是这明明就是鲜鱼的香味啊！"

"可是，这味儿是从哪里吹来的呢？"

他又用力地吸了几口气，一点也没错，鲜鱼的味道越来越浓。列那不由得精神一振，他把头从树篱那边探过去，竖起耳朵仔细地听着，远处传来车轮的声音。要知道，列那不但鼻子很灵，耳朵很尖，而且目光也特别敏锐：一辆马车从远处不紧不慢地驶过来。毫无疑问，那股馋人的味道就是从这辆车子里散发出来的，他甚至可以肯定里面有鳗鱼。

果然，当车子再走近一点，列那清清楚楚地看到，车上的筐子里装得满满的都是鱼。两个去附近城里卖鱼的商贩，正不慌不忙地驾着这一辆"鱼车"。

列那的口水马上"滴滴答答"地流出来了，他简直连一秒钟都等不下去了，怎样才能吃到这些鲜美的鱼儿呢？他的脑子里忽然闪出一条妙计。

他纵身一跳，轻轻地越过篱笆，神不知鬼不觉地绕到远处的大路上。然后伸开四肢，躺倒在路中间，装出刚刚暴毙的样子：闭着眼睛，嘴巴微微张开，伸着舌头，全身软绵绵地一动不动，这简直就是一副刚刚断气的样子。"装死"这个活儿，对列那来说，真是小菜一碟。

没多久，马车过来了。一个鱼贩的眼睛很尖，一下就发现路上好像躺着什么东西，他对旁边的同伴喊道：

"啊，我没看错吧？那是一只狐狸还是一只獾？"

"是只狐狸。"另一个鱼贩说，"快停车，快停车！真是只狐狸，让我去把他抓来，可千万别让他给跑了。"

鱼贩们停下马车，走到列那跟前。他们用脚踢了列那几下，列那忍着痛，装死装得更像了。

　　"不是个好东西。不过，他这张皮倒不坏，可以把它剥下来。"

　　两个鱼贩一把拎起列那，捏了他几下，又把他翻过来摇了摇，这才确定这只狐狸已经死了。他们抖落了几下列那柔软的身体，这身水滑光亮的皮毛可真漂亮，特别是颈部那雪白的一圈，肯定能让这块皮毛卖上个好价钱。

　　"这张皮最少能卖四索尔。"其中的一个鱼贩说。

　　"四索尔？绝对不止这个数！"另外一个嚷嚷道，"起码值五索尔！五索尔我还不想卖呢！"

　　"先把他扔在车上吧！等进了城，我们再来收拾这张皮，卖给皮货商。"两人看着这意外之财，不由得满心欢悦。他们漫不经心地把列那扔到了马车后面的鱼筐边，然后重新上车继续赶路。

　　"今天运气可真不赖。"

　　"是呀，只有我们在这么个大冷天还在外面跑，要不然哪里能捡到这样的便宜。"

　　"等狐皮卖了咱们就一人一半，也可以买不少东西了。"

　　……

　　两个鱼贩一边驾着马车一边聊得心花怒放，至于我们的列那，这会儿他可没时间去担心自己的皮毛。鱼贩们把他扔在这么一个好地方：鱼，前后左右都是鲜鱼呀！数量多得够他们一家子大吃大喝好一阵子！谁能想象，我们的狐狸这时候笑得有多开心吗？

他把爪子搭在一个鱼筐的边上，慢慢地直起身子，满满的一筐鱼就在他嘴边上。列那几乎不用动，就悄无声息地用锋利的牙齿咬住一条大大的鲱鱼，开始了他的美餐。他一口气至少吃了二十多条最好的鲱鱼，虽然没有佐料，但他并不在意。转过头去，旁边的筐子里装的是鳗鱼，他又忍不住吃了五六条最好的鳗鱼，一直到肚子里连一丁点鱼肉丝儿也装不下了，才停下来。

自己是吃得心满意足了，可列那并没有忘记家里饥肠辘辘的妻子和孩子。他把鳗鱼串起来打个结，像戴项链一样挂在自己的脖子上。等脖子上挂满了沉沉的鳗鱼项链，列那趴在车上静静地等待下车的机会。这对他来说，简直是易如反掌：只要等马车驶过草地，他跳下去的时候就不会发出声音，也不用担心鳗鱼掉在地上会弄脏。

列那用力一跳，落在草地上。可惜脖子上的鳗鱼项链实在是太沉了，落地的时候还是发出了一点声响。正在赶车的两个鱼贩回过头来，吃惊地看着草地上那只奇怪的狐狸，一时半会儿还没明白这是怎么回事。

"上帝保佑你们，我好心的朋友！"列那向他们喊道，"感谢你们让我分享了你们的快乐：我吃了你们最大的鲱鱼，带走了你们最好的鳗鱼，还帮皮货商节约了五个

索尔！"

鱼贩们大惊失色，这才明白上了列那的当。他们气急败坏地停下车，拔腿就去追列那。可是两条腿又怎么跑得过四条腿呢？鱼贩们跑得上气不接下气，还是只能眼睁睁地看着列那轻巧穿跑过草地，眨眼就消失在树林里。碰到这么一只狡猾的狐狸有什么办法呢？鱼贩们只好自认倒霉，垂头丧气地回到车上去了。

列那一口气跑回家，他那贤惠的妻子和可爱的孩子都在家门口翘首以盼，等待他满载而归呢。

丽舍看到列那脖子上那串"华美"的项链，赶紧带着亲切的微笑迎了上来。她毫不掩饰内心的狂喜，向丈夫表示了热烈的祝贺，两个孩子乐得又蹦又跳，满脸崇拜地看着他们的父亲。他们虽然还没有像父亲一样成为高明的猎手，但已经学会了做饭。兄弟俩生起了火，把鳗鱼切成小块，准备串在铁钎上用炭火来烤。

列那累坏了，丽舍忙着给他端茶倒水，还帮他擦洗了他那身最少值五索尔的漂亮的皮毛。等一切都安顿好了之后，列那大手一挥："开饭！把门关好，任何人都不要来打搅我们！"

第六章 伊桑格兰入教

当屋外依旧是寒风彻骨、白雪飘飘的时候，列那的家里却香气四溢，温馨极了。丽舍悉心地为丈夫擦洗干净他那身漂亮的皮毛之后，又体贴地为他搓揉着双脚解乏。孩子们站在旁边高兴地忙碌着，他们一个将鳗鱼切成小块用铁钎串起来，另一个不时地转动在炭火上烤着的鳗鱼。没多久，屋里屋外都弥漫着烤鳗鱼那诱人的香味。

　　说来也巧，伊桑格兰今天也在外面打了一天的猎，可他却一无所获，这会儿正准备打道回府。在经过列那家时，伊桑格兰突然停下了自己的脚步，从鼻尖飘过的香味提醒他：香喷喷的美食就在这附近。

　　伊桑格兰抬头张望了一下，列那家的屋顶飘出阵阵炊烟。他快步走到列那家的门前，那股香味越发浓郁起来。透过门缝往里一看，列那的两个儿子似乎在烧得旺旺的炭火上烤着什么。对于饥肠辘辘的伊桑格兰来说，还有什么能比这个场景更诱人呢？他把自己的脸紧紧地贴在大门上，愈发瞪圆了眼睛，垂涎欲滴地舔着嘴巴，尽量不让自己馋得叫出声音来，否则，他这侯爵的面子可真要丢光了。

　　到底是什么好吃的呢？伊桑格兰爬到一扇窗户附近，想让自己看得更清楚一点。这一看却让他更加坐立不安，炭火上烤得金黄的东西近在眼前，似乎伸手就能拿到。他都没法挪动自己的眼睛，嘴巴张得大大的，长长的舌头伸得简直都快要从嘴里掉出来了，口水顺着窗户一直往下淌。

我的天啊！看上去多么好吃呀！伊桑格兰用鼻子狂嗅着从窗缝里喷出来的香味，绕着窗户转了一圈又一圈。"可别忘了，你可是个侯爵。"伊桑格兰默默地提醒自己，"快别看了，把眼睛闭起来吧。"可眼睛却怎么也不听指挥，一次次不由自主地瞟着屋里的一切。

"不行，难道你就准备一直这样傻等在外面，让他们把那些美味佳肴一扫而光吗？"伊桑格兰踱来踱去，唉声叹气，终于下定了决心，"不管怎样，我都要去试一试，也许让他高兴高兴他就会让我分享那些美食。"

打定主意之后，伊桑格兰一溜烟地跑到门边，举起爪子重重地敲着门。"嗨，我漂亮的侄子列那！我给你带来好消息啦！"他扯着嗓子大声喊着，"开门，快开门，快让我把这天大的好消息告诉你！"

"谁呀？"列那故意问道。其实，他早就听出来这是伊桑格兰的声音，这会儿来敲门，不用想就知道他打的是什么主意。列那可没打算请这位"叔叔"进来白吃白喝，这可是自己千辛万苦才弄来的食物。可这一时半会儿也想不出什么办法将他打发走，列那只好先装聋作哑。

"开门呀，亲爱的列那！"伊桑格兰在门外说，"难道你不想知道我特意给你送来的好消息吗？"

看来今天伊桑格兰是不达目的不会罢休的，列那在心里想了想，马上有了一个好主意。

"外面的人到底是谁呀？"列那抬高自己的声音继

续问道。

"是我。"伊桑格兰耐心地回答。

"您是谁？"列那漫不经心地问着，他几乎要忍不住哈哈大笑起来。

"我是你最亲爱的叔叔呀！"伊桑格兰忍气吞声地说，"快开门，我的好侄子！"

"哎呀，我还以为门外是一条猎狗呢。"列那存心想要惹怒伊桑格兰，"除了猎狗，谁也不会在这天寒地冻的时候来敲门。"

"你弄错啦，我真是你最关心的叔叔呀！"伊桑格兰有些气急败坏，又不得不可怜巴巴地继续哀求着，"快开门吧，我都要被冻死了，快让我进去喝杯热茶，再好好跟你说话吧。"

"对不起。哪怕您真是我尊敬的叔叔，这会儿恐怕也不能给您开门。"列那一本正经地解释着，"高贵的教士们正在我家里用餐呢！还要请您再耐心等待等待。"

"教士？教士上你们家干什么？"伊桑格兰惊奇地问。

"我告诉您，今天来的可是真正的神父。"列那故作高深地说，"他们是蒂龙修道院院长的学生，承蒙他们的抬举，我已经入教了，成为一位修道士啦。"

"仁慈的上帝呀！这么说，你今天会接待我，是吗？你会给我东西吃吗？"伊桑格兰期待地说。

"我非常乐意，如果您是一位穷困无依的乞丐。"

"什么？乞丐？"伊桑格兰赶紧摇摇头，"我可不是来向你要饭的，我特意前来向你问好。开门吧。"

"这可不行。"列那说，"现在只有修道士才能踏进我家门槛，您的身份不对，我感到十分抱歉，再见！"

"可是我现在饿极了。"伊桑格兰再也无法掩饰下去，着急地问，"你们是在吃烤肉吗？"

"啊！我的好叔叔！您这可是在侮辱我。"列那惊呼起来。

伊桑格兰觉得很奇怪："那你们吃的是什么？闻上去比什么东西都要香。"

"看在您是我叔叔的份上，我就如实相告吧。"列那停了一下，然后才说，"是又大又肥的鱼，院长千叮万嘱，让我买最好的鱼来招待神父们。"

"鱼？"伊桑格兰咽了咽口水，难怪闻上去会这么香，他在心里祈祷着，只要能让他尝上一口，让他干什么都行。于是，他站在门口继续央求着："列那，我的好侄子，我从来没有吃过这种鱼。我已经饿坏了，能给我一块让我尝尝是什么滋味吗？"

"好吧，虽然您还不是一名修道士，可您是我最尊敬的叔叔，我愿意打破教中的清规戒律，现在就给您去拿一些。愿上帝保佑多捕鳗鱼。"列那说完，就从炭火上拿了两段烤熟的鳗鱼，把大的那一段一口塞到自己嘴巴里，把另一段从窗洞里递了出去。

"来吧，叔叔，您就好好尝尝。这是仁慈的神父们送给您的，他们从心底里希望您也能成为我们的一员。"

伊桑格兰接过鱼，狼吞虎咽起来，虽然这么小一段还不够他尝出味儿，可留在嘴巴里的那股香味提醒他，刚刚吃下去的确实是美味。他舔了舔嘴巴，好奇地问："列那，如果我入教了，是不是可以像你们一样到屋里去吃那些鲜香诱人的鱼？"

"这是当然啦。"列那回答，"只要您现在就加入我们教会，您想吃多少块鱼就能吃多少块。"

"那还等什么，把门打开，我现在就要入教。"伊桑格兰兴奋地叫起来。

"那您愿意现在就接受入教的剃发仪式，来表达您的虔诚吗？只有剃发受戒了，才有很多很多的鱼让您吃个够。"

"什么？"伊桑格兰惊奇地问，"你不是在开玩笑吧？还要剃发受戒才行吗？"

"没开玩笑，是真的，而且要把头发剃得精光才行。"列那说。

伊桑格兰摸摸自己饿得咕咕叫的肚子，马上点头同意了："好，我决定了，你马上就帮我剃光。不过，千万不要忘记再给我吃几块烤鱼。"

"那是当然的。"列那说，"您要多少，我给多少。您放心，我一定帮您剃出一个漂亮的圆顶，帮助您成为一名纯洁虔诚的修道士。"

列那心里暗暗发笑，伊桑格兰自己愿意送上门来受罪，今天他可有苦头吃了。列那快步走到厨房，从炉子上拎起一壶开水，就像一位最标准的天主教徒对窗外的伊桑格兰说："来吧，亲爱的叔叔，请您把头从窗口伸进来，让我为您举行剃发仪式，我相信，您一定会成为一名比我道行更深、更有造化的教徒。"

可怜的伊桑格兰，虽然平时就像一位真正的侯爵，不大瞧得起别人，可这会儿已经饿昏了头，只能任列那摆布了。他乖乖地走到窗边，俯下身子，把头从窗洞里伸进去。

"哗"的一声，列那毫不犹豫地把整壶滚烫的水浇到了伊桑格兰的头上。

"嗷！"伊桑格兰被烫得大声号叫起来，"烫死我啦！烫死我啦！这该死的圆顶！"可是他又不敢得罪列那，他痛苦地呻吟着，"列那，我的好侄子，你是不是剃得太多啦？"

列那躲在屋里坏笑："亲爱的叔叔，这个样子，不多不少，刚刚好，教士的发型正是这个样子。"

"那我现在已经入教了，你是不是该让我进去吃烤鱼了？"伊桑格兰虽然被烫得痛不欲生，可他并没有忘记自己入教的初衷。

"可是，叔叔，真正的考验还在后面呢。"列那沉吟了一下，接着说，"根据修道院的规定，在您入教之后的第一个晚上，必须在屋外虔诚地守夜。"

"守夜？"伊桑格兰不由得后悔起来，"要是我早知道这一切，特别是知道教士是如何剃发的，我绝对不会想入教。"

可是，他又觉得只要自己再努力熬过这痛苦的一夜，就能吃到那美味的烤鱼，于是又满心期盼地说："现在后悔也来不及了，不管怎么样，还是能吃到烤鱼吧？"

"一个晚上很快就能过去的。"列那窃笑着说，"要不这样吧，今天晚上我陪您一起守夜，这样您就会觉得时间过得更快啦。"

伊桑格兰听了，感激地对列那说："我的好侄子，你想得真是太周到了。"

列那从屋里的一条密道里走出来，带着伊桑格兰朝野外的一个池塘走去。他一边走，一边给这位刚入教的"教徒"讲述着自己在入教以后的美好生活，特别是那些吃也吃不完的鱼。伊桑格兰暂时忘却了刚刚被烫得皮开肉绽的痛苦，欢欣鼓舞地跟着列那穿过树林，走向那神圣的守夜之地。

第七章 尾巴钓鱼法

伊桑格兰被列那浇了一壶开水，痛得死去活来，可为了那尝过一口就让他念念不忘的烤鱼，他还是决定跟列那一起到户外去守夜，希望能早点通过修道院的考验，成为一位名正言顺的修道士，以便大饱口福。

冬夜的天空繁星点点，寒风刺骨，要知道这个时候已经快要过圣诞节了，正是一年中最冷的时候。列那带着伊桑格兰来到池塘边，池塘里的冰早就被冻得结结实实的，哪怕在上面翩翩起舞也不成问题。冰面被凿开一个窟窿，是附近的村民特意用来取水的。洞边还放着一个木桶，这样方便大家去打水。

列那指着池塘说："叔叔，这个池塘里有很多鱼，有冬穴鱼，还有鳗鱼。"

"鳗鱼？"伊桑格兰的耳朵一下子就竖了起来，"就是神父们吃的那种鱼吗？"对于被烫得痛苦不堪的伊桑格兰来说，这两个字简直就是最好的止痛药，他一下子忘了刚才受戒挨烫的痛苦。

"怎样才能捉到鳗鱼呢？"伊桑格兰问。

"这就是钓鱼工具。"列那指了指放在冰窟窿旁边的吊桶说，"您只要把它放到水里去，耐心等待一段时间，等感觉到鱼的重量，再把它拿起来就行啦。"

"我知道。"伊桑格兰抢着说，"我的好侄子，要想钓到更多的鱼，必须把木桶系到尾巴上。我记得你上次想多钓点鱼的时候，似乎也是这样做的。"

"一点不错。"列那点点头，"您真是太聪明啦，我这就照您说的去做。"

伊桑格兰迫不及待地走到冰窟窿旁边，端端正正地坐好。

列那偷笑着，把水桶牢牢地绑在伊桑格兰的尾巴上。"现在，您只要一动不动地等上一两个小时，就能感觉大量的鳗鱼到木桶里来了。"

他一说完，就躲到远处的一丛灌木里，把头伏在两腿中间，半睡半醒地盯着冰面上的伊桑格兰。夜里越来越冷，伊桑格兰坐在冰窟窿旁边，尾巴上缚着木桶，为了能钓到更多的鱼，他把整条尾巴都浸在水里。寒风刮过冰面，水很快就结冰了，尾巴上很快就结了一层冰。

伊桑格兰感觉好像有什么东西在拉着自己的尾巴，他以为池塘里的鱼都在往他的桶里游，心里高兴极了。寒风将他冻得瑟瑟发抖，可一想到满满一桶肥美的鲜鱼，自己的这次垂钓即将大丰收，他兴奋得轻轻地抖动了起来。不过，他很快就克制住了自己，赶紧端正了身子，稳稳当当地坐好。他在心底告诫自己，等的时间越长，钓到的鱼肯定就越多。

眼看着黎明就要来临，伊桑格兰觉得这会儿桶里的鱼应该多得快要装不下了，他决定把木桶拖起来。可是，冰结得又硬又厚，原来那个冰窟窿早就重新结满了冰，他的尾巴也被冻住了。伊桑格兰在冰面上不停地扭动着身子，用力地挣扎着，想尽了办法还是无法动弹。他不由得心急如焚，大声向列那喊道：

"列那，列那，快来帮帮我，我的侄子。桶里的鱼太多了，我拖不动。你快来呀，我累坏了。况且，天也快亮了，再过一会儿就会有危险了。"

列那假装睡着了，他过了一会才抬起头："哎呀，我的好叔叔，您怎么还在这里呀？我还以为您已经满载而归了。快点，带上您的鱼，立刻离开这儿，天就要亮了。"

"可是，"伊桑格兰为难地说，"鱼太多了，我拖不动。"

"啊！"列那一边说一边笑，"我知道是怎么回事了。可是，这又能怪谁呢？我提醒过您，时间不要太长。您就是太贪心了，古人早就告诫过我们：贪心者一无所获。"

说话间，黑夜渐渐过去，曙光初现，红彤彤的太阳慢慢升了起来。厚厚的积雪将大地装扮一新，太阳照在雪地上，闪烁着一片银色的光芒。附近的村庄在一片喧闹声中慢慢苏醒。村里一位正直的地主老爷——格朗杰先生，习惯在黎明时出来狩猎。起床以后，他就拿起号角，召集猎人，备好马鞍，带上猎狗，准备出发去打猎。

一群人骑马携犬向池塘奔来，田野上响起了一片喧嚣。列那可不会傻傻地待在灌木丛里等着猎枪来招呼自己，他敏捷地一跃而起，一溜烟地往马贝渡的家里跑去。

可怜的伊桑格兰被孤零零地留在池塘的冰面上，心里又急又气，害怕极了。他鼓起腮帮子，憋足了力气，拼命地拉着他的尾巴。尾巴被拉扯得鲜血淋漓，可还是没能从冰窟窿里挣脱出来。

"啊，都怪我鱼钓得太多了！"伊桑格兰绝望地哀叹着，"我该怎么办才好？"

正在这时，一个男孩牵着两条猎狗走过来。他一眼就看到了冰面上的那头奇怪的狼，尾巴被冻在冰里了，屁股上满是鲜血，要抓住这头狼真是轻而易举。

"嗨！嗨！一头狼！"他大叫起来。

猎人们听到叫声，都带着猎狗赶过来。伊桑格兰呆呆地坐在那里，眼睁睁地看着猎狗向他扑来。他全身的毛都竖了起来，准备和猎狗们决一死战，他可是一位真正的侯爵，绝不会坐以待毙。

猎狗将他团团围住，伊桑格兰虽然无法自如地移动自己的身体，但还是抵抗住了猎狗们一波又一波的进攻，将他们逼得远远的。

英勇不凡的格朗杰先生从马上跳下来。"让开，让开，你们这些没用的东西，看我一剑就把他劈成两半。"格朗杰先生握着长剑向伊桑格兰劈过去，可惜冰面太滑，格朗杰先生的剑失去了准头，"啪"地一声，连人带剑重重地栽倒在冰面上，半天都爬不起来。站在旁边的猎人们看到格朗杰先生狼狈的样子，哄堂大笑起来。格朗杰先生恼羞成怒，从地上爬起来，还没站稳，就举起剑，用尽全身的力气朝伊桑格兰光秃秃的头上砍过去。

伊桑格兰用力往旁边一扭，顺利地躲过迎面劈来的剑。不过他的尾巴却没能逃脱厄运，被齐刷刷地连根斩断。伊桑格兰却因祸得福，终于重获自由。他顾不上尾巴的剧痛，撒腿就逃。他用尽全身的力气，猛冲入猎狗群。猎狗们都被他那不要命的架势给吓住了，纷纷躲避，为他闪出一条路，跟在伊桑格兰后面追赶起来。

伊桑格兰逃到一片高地上，他俯视着身后的那一大群追兵，准备跟他们做最后的决战。可是猎狗们听到召唤他们回去的号角，停下了追赶的脚步。伊桑格兰赶紧躲进树林，总算摆脱了追捕。

这一次虽然幸运地保住了自己的性命，可是一想到自己那又长又漂亮的大尾巴被舍弃在冰里，头顶也被烫得皮开肉绽，伊桑格兰就痛苦得简直难以忍受。这个时候，他心里隐隐地升起了一个疑团：这会不会是列那精心策划的恶作剧呢？这种怀疑也加剧了他的痛苦，他在心里暗暗发誓，一定要找列那报仇！

第八章 伊桑格兰敲钟

伊桑格兰伤痕累累地逃回了家。他一想起自己那条美丽的尾巴，就痛苦万分。对列那的怀疑就像一只无形的大手紧紧地掐住他的脖子，让他感到呼吸困难。伊桑格兰暗下决心，不把这件事弄清楚，他决不罢休。

坐立不安的伊桑格兰终于按捺不住，忍着痛跑到列那家去兴师问罪。他怒气冲冲地质问列那："今天早上那么危险，你为什么不通知我？竟然一个人悄悄地溜走了！"

列那撇了撇嘴巴，轻描淡写地说："亲爱的叔叔，不是我不想救您。可是当时那种情况您也知道，天气那么冷，又突然来了那么多猎狗和猎人，就算是我想去救您，也来不及呀。"

伊桑格兰听了这番话，觉得列那说得也有道理。如果换作是自己，只怕跑得比列那还要快。所以他很快就决定原谅列那，忘记这件事不再提了。只是那烤鳗鱼的好味道，他是怎么也忘不掉的。要知道，那是伊桑格兰第一次吃到那么美味的东西，他做梦都希望能再次品尝到鲜香的烤鳗鱼。他想起列那说过，只要入了教，这样的美味想要吃多少就有多少。于是，他认准了列那，整天缠着他，打听进入修道院的事情。

这天，伊桑格兰在路上碰到了列那。"喂，列那，我已经剃发受戒，又按要求守夜，是不是可以加入教会了呢？"

"唉，我的好叔叔，"列那想了想说，"入教可不是一件容易的事情，您还需要做一件事情才行。"

"好列那，你就别卖关子了，快告诉我，我现在还需要干点什么？我真是迫不及待想要成为你们修道院的修道士了。"

"您会敲钟吗？"

"敲钟？"伊桑格兰一脸疑惑地问，他可从来没干过这件事。

"是啊，敲钟。"列那慢条斯理地说，"您这么聪明能干，这么简单的事情肯定一学就会。我们只要去修道院试试就好了。"

"你是这么认为的吗？"伊桑格兰吞吞吐吐地说，"可是，我连最小的钟都没有敲过。"

"没关系，没关系。我现在就带您到修道院的钟楼去。像您这么聪明的人，肯定一学就会。再也没有人能像您一样能这么轻松地学会这项工作。"列那热情地说。

"这是最后的考验吗？"伊桑格兰急切地问，"是不是做完这个以后，我就能马上进入你们修道院，享受一位修道士的所有权利？"

"是的。"列那肯定地回答。

"那我们赶紧走吧。"伊桑格兰催促着列那。

他们到修道院的时候，院子里刚好没有人。修道士们有的去外面散步了，有的待在小房间里念经，钟楼更是空无一人。列那带着伊桑格兰，悄无声息地爬了上去。

列那指着垂在地上的绳子示意道："亲爱的叔叔，您只要拉动这些绳子，马上就能把钟敲响了。您说，这是不是一件非常简单的事？"

伊桑格兰用手拨弄了一下地上的绳子，问列那："你说，如果把绳子绑在我的手上，这样敲起来是不是会更方便一些？我很担心敲的时候绳子会从手里滑掉。"

听到伊桑格兰的这个建议，列那简直笑开了花，他恭维道："叔叔，还是您聪明，我怎么没想到这个好办法？现在，我帮您把绳子绑在两只手上，您只要左右开弓，轮流拉动这两根绳子，就把钟敲响。"

列那一边说一边用绳子把伊桑格兰的两只手紧紧地绑起来。

"叔叔，您可以开始工作了。我替您到外面去守着，万一有人过来，肯定会打扰到您的。"

列那悄悄地溜了出去，留下伊桑格兰一个人跟那两根绳子"搏斗"。伊桑格兰左拉右扯，用尽了全身的力气，大钟终于开始缓缓地晃动起来。可是,因为大钟实在太重了,伊桑格兰拉了几下之后，一下子就被提到空中吊了起来。

他吓了一跳，用力地左摇右摆着身子，想要从绳子里挣脱出来。可惜列那绑得实在太紧了，伊桑格兰还在半空中"手舞足蹈"的时候，钟发出了轻微的响声。慢慢地，这个声音越来越响。接着，另一只钟也响了。最后，所有的钟接二连三地响了起来，钟楼杂乱无章的钟声越来越响，声音越传越远。没过多久，修道院里的修道士们和住在附近的居民，都来到了钟楼前。

列那从门口探进头来，对伊桑格兰喊道："叔叔，快跑吧！再不跑我们俩都要被抓住了。"列那一说完，

扔下伊桑格兰转头就跑。

可怜的伊桑格兰，两只手还被绳子紧紧地绑着，身体被吊在半空中，真是叫天天不应，叫地地不灵，看来这回是在劫难逃了。可是，伊桑格兰太重了。绳子绑着他晃来晃去，终于承受不住他的重量，"啪"地一声断了。伊桑格兰"扑通"一下摔在地上。修道士们小心翼翼地靠拢过来，伊桑格兰目露凶光地瞪着他们，心里忐忑不安。他三下五除二地解开手上的绳子，趁着大家还没有反应过来，"嗖"地冲出了包围圈，再一次幸运地逃了出去。

看到自己又一次被弄得狼狈不堪，伊桑格兰几乎可以肯定，这绝对是列那的诡计。否则的话，为什么每次受伤的总是自己，但列那却毫发无伤呢？

光秃秃的尾巴和又红又肿的双手，时刻提醒着伊桑格兰，再也不要相信列那这个满嘴谎话的家伙。他发誓，这次绝不轻饶列那，只要有合适的机会，自己一定会让他付出代价！

第九章 陌生的朋友

伊桑格兰要找列那报仇的消息很快传遍了森林的每一个角落，列那的朋友们纷纷跑去给他报信，让他小心提防。列那知道伊桑格兰这会儿正在气头上，他可不想给自己找麻烦，就老老实实地待在家里没有出门。

不过，这段时间他在家里也没有闲着。他把自己的
经历以及多年累积的经验一点一滴告诉孩子们，希望能
帮助他们尽快成长为合格的猎手。其余的时间里，他还
把马贝渡城堡整修了一番，要知道，这可是全家老小的
安身立命之所，这里应该是世界上最安全的地方……趁
着这个机会，列那总算享受了一阵难得的悠闲生活。

可是，时间一长，列那突然心生疲倦。也许这种平
静的生活一点都不适合自己，他在心里想。丽舍每天精
心准备的食物也不能引起他的任何兴趣，他渴望着户外
新鲜的空气和青翠的原野，也许只有鲜嫩的鸡肉能够让
他的心情好起来。

这天，列那站在门口，他伸伸懒腰，打了个哈欠，
怔怔地看着屋外发呆。

丽舍正在厨房忙碌着，她看见列那站在门口，连忙
劝他说："亲爱的，这会儿你可不能出去。伊桑格兰肯
定还没有死心，要是他还在外面守着，你岂不是会中他
的诡计？"

听到丽舍的话，列那反而觉得他在家里是一分钟也
不能再待了。他一定要出去走走，否则的话，就算不撞
上伊桑格兰，他自己也要闷死了。

"不用担心，亲爱的。我只是到这附近去找点新鲜
的食物，我们的生活中不能缺少新鲜的食物。你放心吧，
我一定会非常小心的。伊桑格兰那个傻瓜怎么会是我的

对手呢？"话一说完，他立刻朝门外走去。

事实上，丽舍的担心并不是多余的。伊桑格兰怎么也无法平息心中的怒火，他一有时间就会在马贝渡城堡附近转悠，下定决心要找机会狠狠地报复列那。这种守株待"狐"的日子一长，伊桑格兰自己也不好过。他的脾气一天比一天暴躁，如果列那这个时候出现在他的眼前，他一定会毫不犹豫把他撕成碎片。

这天，伊桑格兰像往常一样紧紧地盯着列那家的大门。只是，他感到很累，而且特别想念家里的妻子和孩子。算了，如果列那还没有出来，他打算先回家去看看。正当他准备转身的时候，他突然发现城堡的大门被慢慢地推开了，那个被他咒骂了无数遍的家伙，轻轻地从门缝里探出头来。

伊桑格兰心中的怒火再次被这可恶的家伙给点燃了，他长长地吐了一口气，在心里念叨着："列那啊列那，这次我绝不会原谅你。你对我的欺骗和戏弄，我将成倍地还给你。今天将是你的受难日！"

在经过前面几次的失败之后，伊桑格兰也变聪明了。他并没有马上跳出去，而是继续小心地躲在草丛里。"我要等他从家里走出来再动手，否则他又要逃回去了。"

列那轻轻关上大门，并没有像伊桑格兰所期盼的那样笔直地走到他面前，而是紧贴着墙壁，一边沿着墙根慢慢溜达，一边仔细地观察四周的情况。

伊桑格兰等了一会儿，眼看着列那越走越远，他不得不从草丛里跳了出来，急忙去追赶列那。

一直小心谨慎的列那怎么会没有发现伊桑格兰呢？他立刻加快速度，拔腿就逃。伊桑格兰好不容易才等到列那出门的机会，自然也不肯就这样放过他。于是，一场你追我跑的狼狐追逐赛在森林里上演了。

列那这段时间一直在家里休养生息，屋外新鲜的空气更是让他精神抖擞。所以开始的时候，他跑得轻松自在。而伊桑格兰却恰恰相反，最近他根本就没有好好休息过，再加上前段时间接二连三地受伤，他已经没有了平日的凶猛。只是复仇的斗志一直在支撑着他，让他在列那后面紧追不舍。

列那像惯常一样，跑起来忽左忽右。刚刚还在大路上飞奔，一会儿又不知道躲到哪个角落去了。伊桑格兰被绕得晕头转向，都不知道该朝哪边追才好。不过，不抓到列那绝不罢休的信念鼓舞他继续追赶。

列那跑了一阵，开始觉得有些吃力了。他回过头去看，伊桑格兰还紧咬在他身后不停。得赶快想个办法才行，再这么跑下去，非被伊桑格兰抓住不可，他可不是为了做伊桑格兰的午餐才出门的。

在大路拐弯的地方，列那看见了一座房子。房子外面围着一圈篱笆，院子里靠近窗户的地方摆着一排大木桶，里面装满了不同颜色的颜料。列那纵身一跳，想要越过木桶，从窗户跳到房里去，这会儿房子里看上去一个人也没有。

可惜的是，列那刚刚跑得实在是太急了，他错误地估计了自己现在的力量。眼看着就要靠近窗户了，却"咚"地一声，摔进了颜料桶。

刺鼻的颜料呛得他剧烈咳嗽起来，他在木桶里用力地挣扎着。"难道我就这样淹死在一个颜料桶里吗？"列那绝望地想着。

他挣扎的声音被一位染布工人听到了，染布工人正拿着一块布准备去染色。他朝颜料桶里看了看，不知道这个泡在颜料桶里的奇怪家伙是谁。"嗨，你在里面干什么？"他问列那。

列那喘了一口气，平复了一下自己的情绪，然后才说："哦，没什么。我只是刚好从这里路过，看见了这些颜料桶。我是个染匠，有很多特别的秘方来染色。你看我现在把身体泡在颜料桶里，这样可以大大改善颜料的质量……咳咳咳……咳……"

列那一边咳嗽一边在桶里扑腾着，可是怎么也爬不出来："希望您能对我新配出来的这种颜料感到满意，我很荣幸能为您效劳。"他又咳了几下，才接着说，"看在我为了最好的颜料做出牺牲的份上，老师傅，您能把我从颜料桶里拉出来吗？"

染布工人并不相信列那的满嘴胡言。不过，他是一个善良的人，并不介意将这个完全看不出是什么的东西从桶里救出来。他弯下腰，扯着列那往外用力一拖，一把就把他从桶里拖出来，救了列那的命。

列那一本正经地向染布工人鞠了个躬，表达他的谢意："感谢您救了我。虽然我是为了更好的颜料而做出这样的牺牲，可是您好像完全不感兴趣，那这个秘方还是我自己保留吧。"

列那从头到脚都被染成了黄色，刚才的危险让他受到不小的惊吓。他来不及打量自己，更是把伊桑格兰的事儿都给忘了。当他跑到篱笆的拐弯处时，他发现伊桑格兰就坐在那里等着他。

这可怎么办？列那还没来得及想出对策，伊桑格兰却很奇怪地向他行礼，还有礼貌地说："陌生的朋友，欢迎您到我们这儿来做客。请问您是从哪里来的？我还从来没有看到过像您这样出色而美丽的皮毛、这样明亮而温暖的颜色。"

哈，这个愚蠢的家伙没有认出自己来。列那在心里得意地笑着，他知道了，肯定是自己刚刚掉进颜料桶里，然后全身都被染成了黄色，难怪伊桑格兰认不出自己来呢。于是，他也彬彬有礼地说："亲爱的朋友，我来自遥远的异国，一路弹奏我的六弦琴来获取生活的来源。可是，我是多么不幸啊，我的琴弄丢了，以后我靠什么来维生呀？"

"六弦琴？"伊桑格兰敬佩地看着列那，"您真是一位多才多艺的人。您会弹奏六弦琴，肯定歌声也十分动听。不用担心，亲爱的朋友，我会帮助您的。当然，前提是您也要帮我一个小忙。"

"好的，请说。"列那笑眯眯地说。

"事情是这样的，我就想问问您，刚刚您一路走来的时候，有没有碰到过一个穿红色皮袄的家伙。如果您见过他，请一定告诉我他朝哪个方向走的。那个家伙又凶又狡猾，是世界上最坏的大坏蛋。像您这样善良高贵的人，如果碰到他，肯定要吃大亏的。"

列那耐心地听伊桑格兰说完，肯定地说："没有，我从没碰到过。"

"那实在是太可惜了。"伊桑格兰失望地说，"这个可恶的家伙，难道又让他给逃跑了？"

他叹了一口气，又接着说："我找了他很长时间，今天费了这么大的力气，本来以为他肯定逃不出我的手掌心。唉，您看，恐怕这次又要泡汤了。"

列那同情地看着伊桑格兰，摇了摇他那满头金发的脑袋，心里想着不能再继续跟这个笨家伙瞎掰了。万一他不小心认出了自己，那真是要倒大霉了。有什么办法可以甩掉他吗？

"亲爱的朋友，你见过六弦琴吗？"列那问道。

"六弦琴呀？我当然知道啦。"伊桑格兰生怕这位外国来的陌生朋友觉得自己孤陋寡闻，没有见识，他连忙回答，"先生，您不是丢了六弦琴吗？我刚好知道有一户人家，他家里有一把很好的六弦琴。在一个节日的晚上，我还听他演奏过，弹奏出来的音乐真是动听极了。您愿意跟我去看看吗？"

列那点点头，伊桑格兰兴冲冲地领着他朝前走。俩人一直走到伊桑格兰说的那户人家。屋子里打开了窗户，一眼望过去，六弦琴就挂在墙上。

"先生，您看，六弦琴就在那儿。"伊桑格兰指着墙上的琴说。

"可是，我有点害怕，我不敢到房子里去拿琴。"列那说。

伊桑格兰同情地看了看这位"外国"来的朋友，自告奋勇地说："要不，我帮您去拿吧。"

这可正中列那的下怀，他立刻高兴地答应了："你真是太好了，我从没见过像你这样乐于助人的人。"

伊桑格兰听了列那的夸奖，不由得有些飘飘然起来。既然这位"外国"来的陌生朋友这么欣赏自己的勇敢和热心，不管怎么样也要去帮他拿到那把琴。他立刻跑到院子里，从窗口跳进了屋子里。

是的，屋子里的确一个人也没有。可是，一只大狗却刚好躲在床底下睡觉。不幸的是，伊桑格兰落地的声音太响，把大狗给惊醒了。伊桑格兰也被吓了一跳，他不得不打起精神，在屋子里和大狗展开了恶斗。

屋子里的打斗声传了出去，人们纷纷跑来，抄起各种各样的"武器"就往伊桑格兰身上打。伊桑格兰又一次陷入了重围，幸好他十分勇猛，在最后的关头终于逃了出去，只是被打得遍体鳞伤，只剩半条命了。

当他拼命逃到屋外的时候，他发现自己刚刚认识的那位高贵的陌生朋友不见了。就像他当初出现的时候一样，这位朋友突然凭空消失了，森林里也再没有谁看到过他。

打心眼儿里说，伊桑格兰觉得这件事跟列那毫无关系。可是，要不是那个狡猾的家伙溜得那么快，自己怎么会遇上这么倒霉的事呢？不管怎么样，这个账还是要算到列那头上的，伊桑格兰恨恨地想，我一定要报仇！

第十章 尚特克莱尔狐口逃生记

寒冷的冬天终于过去了，天气渐渐暖和起来，列那迈着轻快的脚步来到树林中的一个农庄。

这里住着一位叫戴诺瓦的农场主，他家藏满了鲜肉和腌肉等各种好吃的食物。大大的院子里，一边种着苹果树和梨树，另一边则养着最让列那眼馋的家禽，公鸡、母鸡、公鹅、母鹅，还有鸭子，看得列那眼花缭乱、垂涎三尺。可惜院子四周绕着用橡树桩搭起的篱笆，上面还覆盖着茂密的山楂树叶，简直是密不透风。

列那悄悄地靠近篱笆，沿着篱笆绕了一圈，连一个能让他把脑袋钻进去的缝隙都没找到。再抬头看看，篱笆上纵横交错的荆棘让他没有办法跳过去。透过篱笆，母鸡们的一举一动都看得清清楚楚，似乎伸手就能抓住。

列那在篱笆旁激动得口水直流，他一个劲儿地舔着嘴唇，眼珠转个不停。如果从篱笆上直接跳过去，肯定立刻就会被发现。那些胆小的家禽会全部逃进荆棘丛，他连一根鸡毛都没拔下就会被抓住。不行，不行，这个办法行不通。要是能有一只愚蠢的母鸡自己从院子里走出来就好了。列那轻轻地拍打着自己的身体，用力缩起脑袋，摇晃着尾巴，希望能引起家禽们的注意，只是表演了老半天还无济于事。还有什么好办法吗？想让列那就这么放弃那是不可能的。

最后，他终于发现篱笆上有一根断裂的木桩，从那里可以轻易地跳进去。列那后退几步，再纵身一跃，"啪"地一下掉进了菜地。声音惊动了在院子里四处觅食的母鸡们，她们吓得惊慌失措，纷纷往鸡舍逃去。列那可不想打草惊蛇，只能安静地躲在菜地里，再想办法伺机而动。

母鸡们四处逃窜的声音引起了公鸡尚特克莱尔的注意，这可是他的地盘，母鸡们这样慌不择路地逃窜实在是有失他的体面。他垂下尾巴上漂亮的羽毛，伸长了脖子，不慌不忙地走到母鸡们前面：

"你们都疯了吗？好端端的，为什么这么急匆匆地逃回家？"

"我们很害怕！"鸡群中最漂亮、下蛋最大的母鸡品特说。

"有什么好害怕的？"尚特克莱尔对母鸡们的胆小不屑一顾。

"透过篱笆的缝隙，我看到了不怀好意的目光，一定是敌人在那里窥视我们。"品特说，"刚刚我们还听到菜地里有窸窸窣窣的声音，肯定是他跑进来躲在那里。尚特克莱尔，我们现在很危险！"

"闭嘴，你这个傻瓜。"尚特克莱尔骄傲地说，"我刚刚才从树篱那里巡视回来，别说狐狸，就连一只蚊子都飞不进来，树篱扎得很紧。都回去睡觉吧，我会在这里保护你们的。"

说完，尚特克莱尔就撇下母鸡们，去扒他最喜欢的一个肥料堆。母鸡们还是惴惴不安，都散到荆棘丛里去啄食。尚特克莱尔想了想品特的话，尽管表面上还是一副镇定自若的样子，心里却觉得有些慌乱，似乎要大难临头了。他飞到屋顶上，时不时左顾右盼，守护着鸡群。可是没多久，他就累了，不知不觉地睡着了。

他做了一个奇怪的梦：他看到有什么东西从院子里走来，给了他一件棕红色的兽皮大衣，衣领上还镶着白色的小点，摸上去像牙齿一样坚硬。他把皮大衣套在身上，衣服又窄又紧，让他喘不过气来，只好从领子那里往下套，结果毛都露在外面。

尚特克莱尔觉得浑身难受，吓得跳了起来，一下子就惊醒了。他跳下屋顶，在树篱下找到了品特。

"亲爱的品特，我刚才在屋顶上打盹，做了一个可怕的噩梦。"

"你做了一个什么梦？"品特看着尚特克莱尔。要知道，品特可是一位解梦高手。

尚特克莱尔迫不及待地把自己梦中的情形详细地描述了一遍，"这个梦让我觉得心惊肉跳，很不舒服。它到底预示了什么呢？"

"这确实是一个噩梦。"品特点点头说，"那个穿棕红色皮袄的东西应该是一只狐狸，他要把你吃掉。那些坚硬的白色小点就是他锋利的牙齿。他想要把你吃掉，肯定是从头吞起。他用尖尖的牙齿将你钳在嘴里，所以你才会感到窒息。"

品特说着停了停，看了一眼尚特克莱尔，叹了口气接着说："倒霉的尚特克莱尔，也许中午以前这个梦就会成真，你要格外小心才行。不要犹豫，赶紧找个地方躲起来吧。"

可是，尚特克莱尔这会儿已经从噩梦中恢复过来了，他又像平时一样信心满满。"品特，你的胆子也未免太小了一点。我坚信我们的院子十分安全，我也绝不会被什么狐狸抓走。不过，我还是十分感谢你帮我解梦。"

尚特克莱尔向品特行了一个绅士般的礼，又回到了他最喜欢的肥料堆，愉快地扒拉起来。不一会儿，他又疲倦地闭上了眼睛。

就在品特帮尚特克莱尔解梦的时候，躲在一边的列那把他们的对话听了个一字不漏。看到公鸡在得到警示后还如此漫不经心，他不由得在心里庆祝自己的好运气。"死亡"的皮大衣，真是一个有趣的说法，列那快活地磨了磨牙，准备一会儿好好帮尚特克莱尔把皮大衣给"穿"起来。

他静静地躲在菜地里，一直等到公鸡睡着的时候，才轻轻地动了动。他悄悄地将一只脚放到另一只的前面，然后腾空而起，想跳上肥料堆把公鸡抓住。可是公鸡却突然从睡梦中惊醒，猛扇了几下翅膀，飞到肥料堆的另一边，让列那扑了个空。

列那很快从沮丧中恢复过来。"啊！亲爱的尚特克莱尔。"他温柔地说，"见到你精神饱满，行动敏捷，我真为你感到高兴。要知道，我是你的堂兄弟，也是你最好的朋友。"

尚特克莱尔被这几句亲切的话弄糊涂了，眼前这位既有礼貌、说话又动听的"堂兄弟"，和他噩梦中的坏蛋怎么也挂不上钩，他慢慢从紧张中放松下来。

列那趁热打铁地说："你长得真是漂亮极了，比你爸爸还要漂亮。要知道，你爸爸可是这附近的明星。不知道你是不是和他一样，有一副好嗓子，能唱出美妙动听的歌。"

尚特克莱尔一下子来了精神，他清清嗓子，尖声唱了几句。列那简直笑得合不拢嘴，他不停地点头表示欣赏。

"哦，就是这样！"列那兴奋地说，"你的歌声比你爸爸只差那么一点点了。你爸爸曾经说，只有闭着眼睛才能唱出最动听的歌，他正是用这个方法唱歌才那么出名的。你要不要试试呢？"

尚特克莱尔挺起胸膛，列那的夸奖让他得意扬扬，他早就忘记了品特的警告。他立刻听从了列那的建议，闭上眼睛，唱起了最动听的歌。

列那瞅准时机，猛地扑了上去，一口咬住尚特克莱尔的脖子，叼着他就往农场外面跑去。

躲在荆棘丛下的品特目睹了这可怕的场面，她吓得尖声大叫起来。听到叫声，农场里的仆人们纷纷跑了出来，最后连农场主戴诺瓦先生都被惊动了。他一边责备仆人们太不小心，一边咒骂着该死的狐狸，竟然抓走了庄园里最漂亮的公鸡。一大群人从农场里跑出来，向列那追去，但只能眼睁睁地看着列那越跑越远。

列那叼着尚特克莱尔向森林跑去，尚特克莱尔感到呼吸越来越困难，他意识到自己马上就要死掉了。不过，他还是鼓起勇气对列那说："你看，那么多人都在追你，难道你不为自己的成功感到高兴？你完全可以好好嘲笑他们，戏弄他们一番。"

可是，列那一点也不为所动，他只是咬得更紧，一刻不停地向前飞奔着。

尚特克莱尔又忍不住叹息道："哦，品特，我亲爱的品特，你看，你说的都是真的。我无论如何都将穿上这件皮袄。无论如何，无论如何……"

列那每走一步，尚特克莱尔就用最悲惨的声音说一句"无论如何，无论如何"。到了最后，列那终于忍不住骄傲地跟着一起重复起来："无论如何，对，无论如何，你都将穿上我的皮袄。"

就在列那开口说话的那一刻，他的牙齿松动了一下。尚特克莱尔抓住机会，用力挣扎，从列那的嘴里逃了出来，留下几根鸡毛在狐狸的嘴里。他用尽所剩不多的一点力气，飞到路边的一棵大树上，抖抖翅膀，站在树枝上摇摇晃晃地向列那喊道：

"啊，堂兄，你皮袄的花边可真硬呀，很抱歉我真不想穿着它。你这样的堂兄我也不敢认了。至于唱歌，哪怕是唱得再好听我也不打算再唱给你听了。而且我以后一定牢牢地记着，睡觉的时候一定要睁着一只眼睛才行。"

列那看着树上的公鸡，到嘴的美味竟然就这样飞走了，他生气地说："以后，我也一定牢牢记住，说话的时候一定要闭着嘴巴才行！"

可是，现在他已经没什么时间再说下去了。仆人们带着猎狗就要追上来了，他可不想把自己的皮袄送给他们，所以他只好一溜烟地逃跑了。想不到自己这么聪明竟然会被一只愚蠢的公鸡给骗了，列那觉得自己受了奇耻大辱。他发誓，自己一定要找机会报仇！

第十一章 列那的报复

列那回到马贝渡以后，一想起尚特克莱尔就生气。聪明绝顶、智谋百出的列那怎么可以败在一只公鸡的手里呢？要怪也只能怪自己过于骄傲，才会这么大意。再想到农庄里那成群的公鸡和母鸡，列那更觉得气愤难平。去偷一些鸡和鸭出来，美美地享受一番，才能让自己的心情好一点。

于是，这天早晨，列那一边在心里盘算，一边朝农庄的方向走去。一定要想个好法子，才能骗到那只狡猾的公鸡尚特克莱尔和那只聪明的母鸡品特。只要他们俩相信了自己，整个鸡群都将成为自己的食物，列那光是想想就口水直流。

当列那来到农庄外面时，尚特克莱尔正站在篱笆上晒太阳。阳光照在他亮闪闪的羽毛上，让列那看得连眼珠子都舍不得转一下。尚特克莱尔看上去心情十分愉快，他扇动着翅膀，对着太阳引吭高歌。只是，他一看到列那，好心情马上就消失得无影无踪。

不愉快的记忆浮上尚特克莱尔的心头，他用力扑了扑翅膀，准备跳下篱笆，躲到离列那远远的地方去。可是，列那用世界上最温柔的声音叫住了他：

"尚特克莱尔，我的好兄弟，我是多么想念你呀。"

这些话听上去是那么情真意切，尚特克莱尔觉得又惊奇又感动，不由地停下了自己的脚步。

列那瞅准机会，赶紧解释道："亲爱的堂弟，这几天我一直茶不思饭不想，我为那天的鲁莽感到后悔。其实，我只是想跟你开个玩笑而已。"

看到尚特克莱尔还在认真地听自己说话，列那趁热打铁，说："我看到你漂亮的羽毛，再欣赏了你动听的歌声之后，心情十分激动，恨不得马上把你带回家，介绍给我的家人。我想，把你叼在嘴里，可以快点回家。可是，没想到你那么不信任我，唉，我真是伤心呀。"

尚特克莱尔听到列那这么说，开始有些不好意思，他不知道还要不要相信狐狸说的话。他犹豫了一下，对列那说："虽然我知道你是一片好心，可是你的做法真的吓到我了。我可能是误会了你，因为那天我做了一个可怕的噩梦，品特说我将会大祸临头，我害怕极了。"

"好了，一切都过去了，让我们把那件事都忘了吧。"列那说，"今天我来主要是为了向大家传达狮王诺布尔亲笔签署的法令，他诏告天下，从今天开始，所有的战争都必须停止，大家要相亲相爱，不能相互残害。"

列那一边说，一边从口袋里掏出一张早已准备好的纸，在尚特克莱尔眼前晃了晃，接着说：

"尚特克莱尔，你一定要相信我。我已经到神父那里忏悔过了，并下定决心从此以后一定要诚实善良，并且不再吃肉。今天早上我本来是要去河边念经的，刚好经过这里时看到了你，才特意过来通知你这个好消息。"

"你说的都是真的吗？"尚特克莱尔兴奋地叫起来，"这个消息真是太好了，是不是我们从此以后可以自由自在到处游玩了？这真是一个激动人心的消息，我做梦都想远离这个篱笆，到外面四处游历一番。你不知道，为了安全，我不得不天天待在这个庄园里，哪儿也不能去，就像坐牢一样。亲爱的列那，你让我从这里解脱了。我要马上去通知大家，告诉大家这个好消息。"

"你赶紧去吧，我也为你们重获自由感到高兴。"列那说。

尚特克莱尔飞到最高的篱笆上，大声喊道："嗨，品特、史勃洛特、柯佩特……大家快来呀，我有好消息要宣布。"

鸡群都围了过来，尚特克莱尔向大家转告了狮王的法令，强调从此以后大家将和平相处，他也顺便说起了列那的忏悔。这会儿列那正拿着一本《圣经》，一心悔过的样子从旁边目不斜视地走过。

品特是最小心谨慎的那一个，她问："尚特克莱尔，你说的都是真的吗？"

尚特克莱尔肯定地说："绝对是真的，我亲眼看到了狮王签署的法令，而且列那也向我发誓了。你看，自由在向我们招手呢！让我们一起到外面的草地上去吧，那里有很多蚯蚓和谷粒，我们可以好好地饱餐一顿了。"

说完，尚特克莱尔就轻轻一跳，第一个来到了园子外面。大家也跟着跳了出去，品特和她的两个妹妹史勃洛特、柯佩特走在队伍的最后。柯佩特是品特最小的妹妹，她长着洁白的羽毛，又温柔又善良，是鸡群里最受大家喜爱的一个小家伙。

尚特克莱尔的十四个孩子也走在队伍里，他们都是同一年出生的漂亮的小公鸡和小母鸡。这也是他们第一次离开庄园，来到外面的世界。小鸡们你追我赶，一路上叽叽喳喳，又蹦又跳，高兴极了。

此时，列那手拿《圣经》，坐在一棵大树背后，嘴里念念有词，一副专心念经的样子。可是，他的眼睛却紧紧地盯着那群小鸡。一只小鸡为了躲避同伴的追赶，走到了列那附近。可怜的小家伙还没有回过神来，就被列那一口吞进了肚子里。

小鸡的失踪没有引起任何人的察觉，于是，同样的惨剧再一次发生在尚特克莱尔另一个孩子身上。接着是第三只、第四只……

过了好一会儿，尚特克莱尔和品特才觉得有些不对劲。尚特克莱尔大声招呼鸡群到他这里来集合，所有的鸡都跑了过来，可是比刚出门的时候少了很多。

正躲在树后大快朵颐的列那，此时已经控制不住自己的兴奋。看到鸡群慌乱不堪地挤在一起，让他心里涌起无言的骄傲。他从树后冲了出来，想要猎取更多的食物。

他跳进茫然不知所措的鸡群，几口就咬死了好几只小鸡。草地上鲜血四射，到处飞舞着鸡毛，场面可怕极了。有的鸡被吓得瑟瑟发抖，无力动弹，有的则大声呼救，四散奔逃，草地上一片混乱。

骚乱声终于传到了农庄里，庄园里的人们带着猎狗跑了出来。看到满嘴鲜血的列那，人们一下子就锁定他是罪魁祸首，放出猎狗去追赶他。

列那看到情况不妙，转身就逃，还顺便咬了站在他附近的柯佩特一口。本来他是打算把柯佩特带回家给妻子和孩子们享用的，这会儿情况紧急，只好咬下柯佩特的一只翅膀，飞快地逃跑了。

猎狗们在后面拼命地追赶着列那。列那刚刚经过一场厮杀，肚子里又装满了沉甸甸的小鸡，眼看着就要跑不动了。他突然想起这附近有一座修道院，院长刚好是他的老朋友。于是，他转了个身，跑到修道院门前。

幸运的是，修道院的门正开着，列那急忙跑了进去。看门人对此毫不知情，把打开的门关了起来。于是，列那又一次摆脱了危机，得救了。

第十二章 列那的忏悔生活

列那跑进修道院，看到危机解除，不由地松了一口气。

他摸了摸自己狂跳不已的心脏，让自己平静了一会儿，这才不慌不忙地走到修道院的院子里。院子里站着一位年轻的修道士，列那向他行了个礼，请他帮忙去通报贝尔纳院长。

贝尔纳是一头脾气有点固执的驴子，不过为人十分正直。他和列那认识很多年了，只是交情一般。不过列那可不会这么觉得，对于他来说，贝尔纳院长这会儿就是他最好的朋友。

没过多久，贝尔纳院长就走了出来，他看到列那，热情地问："我的朋友，是什么风把你刮到我们圣墙里来啦？"

"尊敬的院长先生，"列那说，"我一直记得您对我的忠告。如果想要躲避仇人的陷害，摆脱人生的烦恼，就要信仰我们的上帝。我下定决心了，要向上帝忏悔我的罪恶，祈求上帝的原谅，我希望您能接纳我，让我在这里忏悔。"

"乐意至极。"院长说，"你说得好极了！只是列那，你要想清楚，如果你信教了，就得放弃你从前的所有爱好，放弃一切享受，比如你喜欢的肉食，在我们这里，是一点也不能再沾了。"

"您放心好了，我早已厌倦了人间的一切。"列那拍拍自己鼓鼓的肚子，真诚地说，"至于肉食，我现在想想就觉得作呕。我既然已经决定要到您这里来忏悔，之前的一切肯定会通通抛掉，我会安心修行的。"

得到列那的保证之后，贝尔纳院长就让列那在修道院里住了下来。

第一天的时候，列那和其他修道士一样，参加了修道院里的一切活动，清淡的饭菜让他觉得正合适。第二天，他也是一脸的平静和满足，修道院里平安无事。到了第三天，列那早早就起床了，中午那一成不变的饭菜让他食不下咽。晚饭也让他很不满意，再不吃点肉，他在这里就要待不下去了。

趁大家不注意，列那偷吃了修道院里的一只鹦鹉。鹦鹉的肉有点老了，跟前两天吃的小鸡比起来，味道实在不怎么样。可是列那还是觉得挺满足的。

修道士们发现那只可爱的鹦鹉不见了，列那也跟着他们一起四处寻找。找遍了整个修道院，大家连一根羽毛都没有找到，这才确定鹦鹉失踪了，大家都不由地痛哭起来。列那也流下了同情的眼泪，还和大家一起在上帝面前赞美那只鹦鹉，为他祈求平安。

又过了两天，这位修道院的新成员感到自己有些无力，想想可能是因为最近肉吃得太少，所以会营养不良。

这时候，刚好有人给修道院送来了几只母鸡。列那想方设法偷吃了两只，觉得总算恢复了一些体力。正当他准备吃第三只母鸡的时候，看门人目睹了这可怕的一幕，吓得高呼上帝。修道士们听到他的喊声，全都跑了过来，看到列那的嘴角还粘着几根鸡毛。

"你这个该死的小偷！强盗！"贝尔纳院长气呼呼地对列那大骂起来，"你这个阴险的家伙，你到我这里来，就是这样忏悔的吗？不要脸的东西，我再也不要相信你任何一个字了。"

列那耸耸肩膀，满不在乎地说："您别生气，院长大人。上帝会原谅我这样的新修道士，谁都会犯错，可是您不能因为我的一次错误就否定我对上帝的诚意。上帝会原谅我，给我机会让我重新开始。"

他舔干净嘴角的鸡血，接着说："您要多给我一些时间，毕竟以前我一直是吃肉的。现在突然只能吃素食，我的肠胃也需要时间才能适应呀。吃了这些母鸡，我自己也良心不安。所以，我请求您让我在这里继续忏悔，好好地替她们在上帝面前做祷告，祈祷她们能够飞升天堂。"

可是，不管他怎么花言巧语，贝尔纳院长已经打定主意不再相信他。院长向大家宣布将列那从修道院里除名，因为这个坏家伙跑到这里来根本不是为了安心修行。

列那对此深表遗憾，他反复申辩了自己忏悔的决心，然后才迤迤然离开了修道院。出来了这么长时间，也该回家了，他不紧不慢地朝马贝渡家走去。

第十三章 聪明的白颊鸟

这天早上，列那是被饿醒的，得赶快去找点什么好吃的。他随便打理了一下自己的皮毛，就出门去寻找食物了。

在路边的一棵柏树上，列那看见了漂亮的白颊鸟梅赏支。梅赏支在树上造了窝孵蛋，这个时候她刚起床，站在树枝上梳理自己的羽毛。列那在树下看得很仔细，他倒不是为了欣赏梅赏支美丽的羽毛，只是在想白颊鸟的味道应该还不错，如果运气好的话，说不定还能得到几颗鸟蛋，问题是得想个好办法才行。

列那向梅赏支行了个礼，端端正正地坐到树下，礼貌地说："早上好，梅赏支太太。真高兴能见到您，您的气色看上去很不错，请下来和我拥抱一下吧。"

梅赏支看了列那一眼，想也没想就拒绝了列那的好意："早上好，列那。以我对您的了解，这种鬼把戏您已经使过好多次了。再说，我们的关系还没有好到要拥抱的程度。"

听到梅赏支毫不客气的回答，列那气得要命。可是自己又不能爬上树去抓住她，只好强忍着内心的气愤，继续和颜悦色地说："亲爱的梅赏支太太，您这么说可真是太见外啦。您忘记了，我还是您儿子的干爸爸呢。就凭着这层亲戚关系，我们也应该多亲热才对。"

梅赏支不客气地说："您给我们鸟类和其他动物带来的只有伤害，像您这样无恶不作的坏蛋，我可不敢和您做亲戚。"

"梅赏支太太，难道您不知道吗？狮王诺布尔已经签署过法令，要求大家从现在开始停止一切战争，所有的动物都要和平相处。我也已经为自己之前的错误去修道院忏悔过了，现在您完全可以相信我了。"

"如果是这样，那真是太好了。"梅赏支说，"谢谢您一大早特意来告诉我这个好消息。我现在很忙，还要回窝里去孵蛋，您去找别人拥抱吧。"

"啊，梅赏支太太，看在我一片诚意的份上，您怎么能拒绝我呢？如果您还是觉得害怕的话，我可以闭着眼睛和您拥抱，这样总可以吧？"

列那的话让梅赏支左右为难，她只好说："好吧，列那，但是您要发誓，闭上眼睛。"

列那一阵暗喜，马上听话地闭上了眼睛，伸出双手："来吧，梅赏支太太，请给我一个热情的拥抱。"

梅赏支在树上抓了一大把青苔和树叶，然后轻轻地飞到列那旁边。她用青苔轻轻地碰了碰列那的胡须。列那以为梅赏支准备和他拥抱，立刻张大嘴用力一咬。可是味道好像不对，他睁开眼睛，才发现自己咬了满嘴的青苔和树叶。而白颊鸟还好端端地站在树枝上，笑得正开心："列那，这就是您的拥抱吗？如果不是我早有准备，您现在是不是正用您锋利的牙齿来拥抱我呢？"

列那急忙把嘴里的东西吐出来，解释说："梅赏支太太，您可真会开玩笑。和您一样，我也只是想和您开个玩笑而已。这样吧，我们重新开始，正式地拥抱一下。"

说完，他就闭上了眼睛，安静地等待着。

梅赏支歪着头看了列那一眼，拍着翅膀快速地从列那身边飞过。列那听到声音，一边张大嘴狠狠地咬，一边张开双臂去抓，可惜扑了个空。等他睁开眼睛，白颊鸟早就飞回树上了。

"列那，现在还要我相信您吗？您这个满嘴谎话的家伙！让您的拥抱见鬼去吧，别想我会再信您。"

"梅赏支太太，您看，您戏弄了我两次，我都没有生气。我真是为了友谊与和平来的。看在您儿子的份上，让我们再试一次吧，我无论如何也不会伤害您的。"

白颊鸟却连话也不想再和列那说了，她稳稳地坐在树枝上，仔细地梳理着自己的羽毛。没有谁比她更清楚，谁要是信了列那的花言巧语，谁就等着倒霉吧。

可是列那却舍不得这顿美味的早餐，他还不死心，耐心地坐在树下，想方设法希望能说服白颊鸟飞下来。

正在这时，不远处有一群猎人，骑着马，带着他们的猎狗从这里经过。列那火红的皮毛特别打眼，猎人们很快就发现了他。"抓住那只狐狸，快抓住他！"此起彼伏的喊声响了起来。

猎人们一边吹着号角，一边骑着马快速地向列那这边冲过来，成群的猎狗也一边狂叫一边将列那包围起来。列那终于坐不住了，要是再不赶快逃走，只怕自己要成为别人的早餐了。

白颊鸟乐不可支地叫他："嗨，列那，您别跑呀！我现在相信您了，请等一等，我马上下来和您拥抱。您不是说狮王签署过法令吗？难道它到现在还没有生效吗？"

列那一边逃命，一边回答："梅赏支太太，这些人应该还没有收到通知。至于那些猎狗，他们太年轻，可能他们的父母还没来得及告诉他们这件事。"

"没关系，列那，我相信您就可以了。您别跑那么快，等等我，我现在特别想和您拥抱。"

"我已经耽误了很长时间，现在我没空，等下次吧。"列那喘着气喊道。

猎人们紧紧地追着列那不放，列那只好拼命地向前跑。本来他以为凭着自己对地形的熟悉，能够轻松地摆脱追赶。可是，当意外突然发生，列那正低头狂奔的时候，一头撞上一位从旁边经过的修道士身上，修道士的手里还牵着两头大狗。

猎人们看到这一幕，都兴奋地朝修道士喊："把你的狗放开，快把你的狗放开，拦住那只狐狸。"

列那马上意识到了自己的危险处境，猎人们绝对不会放过自己，只能从修道士这里想办法。他像一位真正的修道士一样行了一个标准的礼，诚恳地说：

"修道的朋友，看在上帝的分上，不要放开您的狗。我和您同样是上帝的子民，我们都是遵守'十诫'的人，我相信您绝不会伤害我。"

然后，他又回头指了指正向他追来的猎人和猎狗，接着说："他们之所以要您拦住我，是因为我们正在进行一场赛跑比赛。输掉的人将要付出一大笔钱财，他们看我马上就要赢得比赛了，肯定很不甘心。可是如果您用您的狗帮助他们拦住了我的去路，这简直就是一种犯罪，上帝也绝不允许这样的事情发生。"

这位修道士是一个十分正直的人，他对列那的话深信不疑。于是急忙牵紧了自己蠢蠢欲动的狗，让到一边：

"哦，朋友，您赶紧跑吧。愿上帝保佑您！"

列那来不及向修道士道谢，就飞快地跳进路边的树丛。在树木和草丛的帮助下，他费了不少力气才摆脱了追赶。虽然猎人和猎狗被他远远地甩到身后看不见踪影，可是列那仍然不敢放慢自己的脚步。这样可怕的敌人，自己还是离得越远越安全。唯一可惜的就是，自己离那美味的"早餐"也越来越远了。

第十四章 狐狸和乌鸦

有一天，天气很好。列那来到一条小河边，清澈的河水潺潺地流着，列那忍不住"扑通"一声跳进河里，痛痛快快地洗起澡来。

洗好以后，他爬上河边的草地，抖抖皮毛上的水，然后躺在柔软的草地上晒太阳。列那眯缝着眼睛看了看四周，到处静悄悄的，只有不远处那棵高大的山毛榉树，随风轻摆着它的树枝。列那叹了一口气，要是现在肚子没那么饿就更好了。

河边不远处有一座小院子，女主人做了许多奶酪放在院子里晒着。可惜列那的尖鼻子没有闻到奶酪的香味，否则的话，他肯定要到这里来想办法让自己饱餐一顿。

倒是乌鸦铁斯兰运气很好，他从院子旁飞过的时候，一眼就看到了摆在院子里的美味。可惜女主人一直守在院子里，让他无从下手。他只能绕着院子飞来飞去，耐心地等待机会。

等了好一会儿，女主人进屋去了。铁斯兰飞快地扇动着翅膀，一个俯冲，叼起一块奶酪就走。

女主人听到动静，从屋里跑了出来，看到乌鸦在偷自己辛辛苦苦做的奶酪，气得大骂起来："小偷！可恶的小偷，你这个贪吃的浑蛋，快把我的奶酪还给我！"她一边骂，一边弯腰从地上捡起许多小石子，用力地朝乌鸦扔去。

铁斯兰在空中轻巧地左躲右闪，紧紧地抓着好不容易才到手的奶酪，对着气愤不已的女主人喊道：

"你有这么多奶酪，分一块给我又有什么关系，不要这么小气。你的手艺很不错，奶酪香喷喷的，我吃的时候一定会想起你的。千万要将你的奶酪看好了，再丢了可不关我的事。"

　　说完，他振翅一飞，飞到了河边的草地上。他落在那棵山毛榉树的树枝上，开始享用自己的美餐。这时候，列那也刚好来到了树下，想找点什么吃的填填肚子。

　　铁斯兰用他尖尖的嘴巴用力啄着奶酪，剥掉了奶酪上的那层皮。几片很小的奶皮从他嘴巴里掉了出来，刚好落在列那面前。列那的尖鼻子兴奋地耸动起来，他一眼就认出了这是什么，只是心里很疑惑，美味是打哪儿来的？

　　列那绕着山毛榉树仔细地搜寻了一遍，最后才发现原来是乌鸦铁斯兰躲在树枝上，正小口小口地吃着奶酪。

　　列那立刻大声喊道："嗨，铁斯兰，是你吗？我亲爱的朋友，见到你真是太高兴了。看到你，我就想起你已经去世的父亲，我到现在还忘不了他那美妙的歌声。不知道今天我能不能荣幸地邀请你，请你为我一展歌喉。"

　　铁斯兰听了列那的夸奖，高兴得东西也来不及吃，立刻应了列那的请求，"哇哇哇"地大声歌唱起来。

　　列那拍手鼓掌，继续恭维道："真是动听极了，你的歌声比起上次又进步了很多，如果音调能再高一点，效果会更好。"

　　列那的鼓励让铁斯兰心花怒放，他现在完全相信自己就是森林里最优秀的音乐家。他深吸了一口气，比刚才叫得更大声。

　　"正是这样做。"列那欣喜地说，"你能用刚才这样响亮的音调,再为我高歌一曲吗？真是期待你的歌声呀！"

铁斯兰现在对这位"知音"是言听计从,他心情无比激动,一心要为列那献上自己最响亮最动听的歌声。抬头、挺胸、吸气,铁斯兰用尽全身的力气大叫一声。他叫得太用力,爪子都张开来了,那块奶酪就"啪"地一下掉到了列那的脚边。

列那并没有急着去捡地上的奶酪。他站起来,装作一瘸一拐的样子走了几步,然后对铁斯兰说:

"你动听的歌声让我忘记了脚上的伤痛。可是我太倒霉了,刚刚不知道掉下来什么怪东西,那味儿简直让我都要晕过去了。"

他抬了抬自己"受伤"的腿,捂着鼻子说:"亲爱的铁斯兰,你能下来帮帮我吗？我现在走不动,可是那东西太难闻了,你能帮我把它拿到别处去扔掉吗？"

铁斯兰听到列那这么说,不由地松了一口气。他本来就很心疼那块奶酪,要不是害怕列那,他早就飞下来把奶酪捡起来了。列那的保证让他鼓起勇气从树上飞了下来,落在离列那还有几步远的地方。

"亲爱的,帮帮忙,能不能快点？你看我现在都不能动了,要是我没有受伤,我早就自己动手把那东西扔得远远的。"列那温柔地看着铁斯兰。

"我这就来。"铁斯兰下定决心,又向前走了两步。

饿得头晕眼花的列那再也按捺不住,猛地朝铁斯兰

扑了过去。可惜他们离得还稍微有点远，铁斯兰看到列那满脸杀气地朝自己扑过来，赶紧用力扇着翅膀，飞了起来，列那只咬到了几根羽毛。

铁斯兰飞回到树枝上，拍拍自己的胸口，心有余悸地说："我真是不该相信你，你这个阴险恶毒的家伙！你竟然把我身上最美丽的羽毛都给拔掉了，上帝一定会惩罚你的！"

列那拿起粘在嘴边的羽毛，诚心诚意地表示希望能够还给铁斯兰，并解释说刚刚只是因为听到他的歌声，实在是太激动了，想和他拥抱一下。

可是铁斯兰怎么也不肯相信列那的话了，他心不甘情不愿地说："那块奶酪就送给你吧。但是你也只能吃到那块奶酪了，别再指望用我来配你的餐。你放心吧，哪怕说得再好听，我也不会上你的当了。"

列那捡起地上的奶酪，放在鼻子尖闻了闻，毫不在乎地说："有这样的美味给我做午餐，我已经心满意足了。"

铁斯兰恋恋不舍地看了奶酪一眼，气冲冲地飞走了。列那在草地上坐下来，开始他的阳光午餐。他叹了一口气，这样美味的奶酪，如果能配上乌鸦肉，那就完美了。

五年级上

中国民间故事

南京大学出版社 / 编

南京大学出版社

图书在版编目(CIP)数据

部编版语文教材推荐阅读书目. 五. 上 / 南京大学
出版社编. -- 南京：南京大学出版社, 2019.8（2021.6重印）
ISBN 978-7-305-22560-4

Ⅰ. ①部… Ⅱ. ①南… Ⅲ. ①阅读课－小学－课外读
物 Ⅳ. ①G624.233

中国版本图书馆CIP数据核字(2019)第161389号

出版发行 南京大学出版社
社　　址 南京市汉口路22号　　邮　编 210093
出 版 人 金鑫荣
项 目 人 石　磊
策　　划 刘红颖

书　　名 部编版语文教材推荐阅读书目·五 上
编　　者 南京大学出版社
责任编辑 曹思佳 徐　熙
装帧设计 谷久文

印　　刷 山东润声印务有限公司
开　　本 880mm×1230mm 1/32 印张 12 字数 240千
版　　次 2019年8月第1版 2021年6月第3次印刷
ISBN 978-7-305-22560-4
定　　价 66.00元（全三册）

网　　址：http://www.njupco.com
官方微博：http://weibo.com/njupco
官方微信号：njupress
销售咨询热线：（025）83594756

★ 版权所有,侵权必究

★ 凡购买南大版图书,如有印装质量问题,请与所购图书销售部门联系调换

目录

过 "年"

春节俗称"新年""新岁",过春节也叫"过年"。每逢此时,家家户户贴春联、放鞭炮,张灯结彩,一片热闹喜庆景象。然而,在很早的时候,人们并不这样过年。

古时候,在深山老林里,出没着一只名字叫"年"的怪兽。

这只怪兽不像龙、不像狮、不像虎,但它比龙厉害、比狮凶猛、比虎残忍。一到冬末春初的寒冷黑夜,"年"就要到山下村子里横冲直撞,见牲畜咬牲畜,逢人就吃人。它奇凶异猛,残忍无比,很多人都遭到了它的残害。

"年"闹得人心惶惶,家家闭户。无奈之下,人们只好备下活猪活羊供奉给它,希望它在吃了活猪活羊之后,就不再进村吃人了。可是没有用,"年"

的食量很大，它吃完了供奉的牲畜，仍旧要闯进村里吃人。

有一户人家，一对夫妇带着几个孩子过活。一天晚上因害怕"年"闯进家里闹事，男主人便在屋子当中点燃了一堆竹子照明壮胆，全家人则躲藏在屋角，连口粗气也不敢出。

突然，院子里一阵骚动，凶恶的"年"又来了。它刚靠近屋门，就被屋里冒出的青烟呛得两眼流泪。"年"强睁泪眼，正要破门而入。这时，火堆里有几根竹子被烧得爆开了，发出"噼里啪啦"的声音，把"年"吓了一大跳。"年"惊魂未定，屋子里又传出"哐当"一声爆响。这下子，可真把"年"给吓坏了。只见它夹起尾巴，仓皇逃命去了。

这"哐当"的声响究竟是怎么回事呢？原来，屋里的男主人看"年"要破门而入，慌乱中顺手拿起一个破铜盆朝门口投去，铜盆摔在地上发出的声响竟把凶恶的"年"给吓跑了。全家人意外脱险，都很高兴。

人们听说了这户人家里发生的事情，经过仔细合计，知道"年"也会害怕，也有弱点，都格外高兴。从此以后，再到冬末春初的月黑之夜，人们就堆起竹子，燃起大火，并拿起铜盆铁锅尽情敲打。"年"虽凶猛，但它惧怕那竹子爆裂和敲打铜盆时发出的声响，所以它再也不敢闯进村子里捣乱了，人们也不用惧怕"年"了。

后来，人们仿照竹子做成鞭炮，称之为"爆竹"；还根据"年"所惧怕的声响，造出了"铜锣"和"鼓"。一到冬末春初，"年"将要出来害人的月黑之夜，人们就围坐在燃烧着的火堆旁边，放爆竹、敲锣鼓驱赶"年"。

久而久之，人们就把这原本是驱赶凶恶的"年"兽的日子称为"过年"了。

神农尝百草

神农一生下来就有个水晶肚子，五脏六腑全都看得一清二楚。那时候，人们经常因为乱吃东西而生病，甚至丧命。神农决心尝遍所有的东西，能吃的、好吃的放在身上左边的袋子里，给人吃；不能吃、不好吃的就放在右边的袋子里，当药用。

第一次，神农尝了一片小嫩叶。这叶片一落进肚里，就上上下下地把里面各器官擦洗得干干净净、清清爽爽，像巡查似的。神农把它叫作"查"，就

是后人所称的"茶"。神农就将它放进左边的袋子里。

第二次，神农尝了朵蝴蝶样的淡红小花，甜津津的，香味扑鼻，这是"甘草"。他把它也放进了左边的袋子里。

就这样，神农辛苦地尝遍百草，每次中毒，都靠茶来解救。后来，他左边的袋子里花草根叶有四万七千种，右边有三十九万八千种。

但有一天，神农尝到了"断肠草"。这种毒草太厉害了，他还没来得及吃茶解毒就死了。他是为了拯救人们而牺牲的，人们称他为"药王菩萨"，永远地纪念他。

三 个 和 尚

　　有个小和尚，走呀走，走到一个地方。山坡下面有条小河，山坡上面有座小庙。小和尚正想找个住的地方，就"噔噔噔"地往山坡上走。

　　小庙里静悄悄的，一个人也没有，小和尚就在这座空庙里住了下来。

　　小和尚一个人住在庙里，每天除了念经，还得烧饭、做菜，特别是要喝水，每天得下山去挑，可忙碌了。

　　过了几天，一个瘦和尚路过这儿，正好碰见小和尚出来挑水，就说："小师父，我想在这儿住，你看行吗？"

　　"行，我有个伴儿更好。快去挑水吧。"说着，小和尚就把扁担、水桶交给了瘦和尚。

　　瘦和尚说："让我挑水？哎呀呀，你没看见我走

7

了一天的山路，已经累得不行了？小师父，你本来就要自己去挑的嘛。"

他们说着说着，吵起嘴来，直吵得瘦和尚渴得要死，小和尚的喉咙也冒烟了。哎呀，不能再吵了，还是两个人一起下山去抬水吧。

又过了几天，一个胖和尚路过这儿，正好碰见小和尚跟瘦和尚抬着一只水桶出来。胖和尚也要求和他们住在一起。

小和尚说："好哇！那你就跟瘦师父一起去抬水吧。"

瘦和尚说："怎么让我抬？你跟胖师父去抬。"

三个和尚吵了起来。吵着，吵着，大家都渴得要死，可是没人肯挑水，也没人肯抬水。他们坐着一动也不动，身子像着了火似的，真难受哇。

天渐渐黑了，谁也没站起来。他们合上眼皮，迷迷糊糊地睡着了。

这时，一只小老鼠大模大样地钻出洞来，东跑跑西逛逛，看见桌子上点着一支蜡烛，心里可乐了："吱吱吱，吱吱吱，蜡烛油，我爱吃。"

它爬到桌子上去啃蜡烛，啃哪，啃哪，把蜡烛啃断了，蜡烛"啪"地倒了下来。火把旁边的布幔烧着了，不一会儿就起了大火。

不得了了，起火了！三个和尚睁开眼睛一看，火

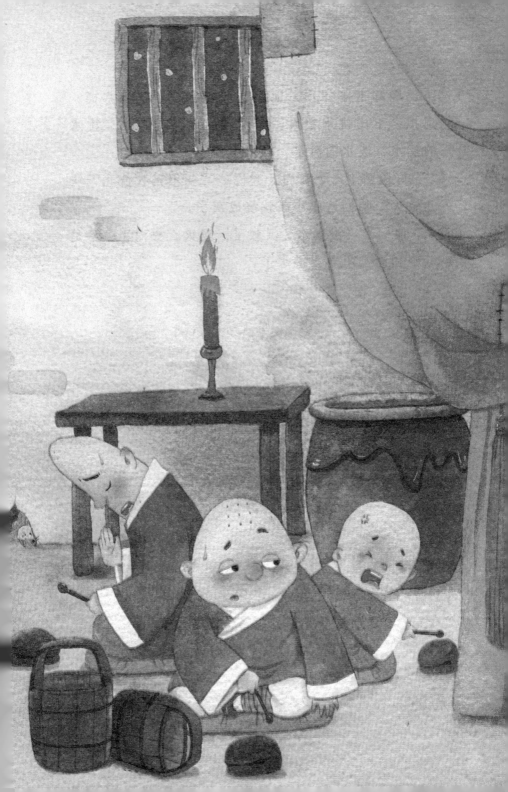

苗已经蹿上了屋顶。他们急坏了，赶紧拿起水桶、扁担，下山挑水救火。三个和尚舀水的舀水，挑水的挑水，泼水的泼水，好不容易才把大火扑灭。

好险哪！三个和尚一齐说："要不是大伙儿一块儿救火，咱们这座小庙就烧成灰了。"

他们半天没喝水，又救了一场火，更渴了。于是三个和尚都争着去挑水了。

东 郭 先 生 和 狼

　　东郭先生是个很老实、很善良的老先生。有一天，他装好一袋书，骑上毛驴，进城到一个大户人家去教书。

　　走到半路，突然窜出一只带箭伤的狼，老先生吓得向后直退，谁知，这只狼却趴在地上直磕头，哭丧着脸慌慌张张地说："老先生，救救我吧！后面有个猎人在追赶我呢！"它回头望了一眼，又忙说，"快让我躲一躲好吗？我以后一定报恩，一定报恩。"

　　东郭先生平时只听说狼都是凶残的家伙，没想到眼前的狼这样可怜，便左顾右盼起来。

　　"你往哪里躲呢？你往哪里躲呢？"

　　狼说："我就躲到你的书袋子里。你先取出书，我钻进袋子之后，你再把书放在上面就行啦！"

　　东郭先生按狼的主意办了。

过了一会儿，猎人顺着血迹跟踪而来，看见东郭先生坐在口袋上，便下马上前："请问老先生，见过一只受伤的狼没有？"

东郭先生支支吾吾地说："没、没有。"

猎人看东郭先生一脸老实的样子，就走了。猎人一走，东郭先生赶紧将狼放了出来："嗨，你快走吧。"

"什么，要我走？到哪里去？"狼突然翻了脸，露出凶相，步步紧逼，"我已经跑了几天几夜，现在饿了，我得把你吃了！"

东郭先生大吃一惊："什么，你要吃我？"

狼咧开了嘴："对，救命就要救到底，是不是？"

东郭先生万万没有想到竟有这样邪恶的家伙，气得胡须直抖："我救了你，你还要吃我，天下哪有这种道理！"

"我不吃你就要饿死，这就是道理！"狼说着就扑了过去。

东郭先生忙喊道："慢！我们找人评评理。"

狼不在乎地说："行，行，行。"

他们走到一棵枣树前，请枣树评理。

这棵苍老的枣树叹了口气说："我为人们结出了无数的大红枣子，现在他们却要把我砍掉，有什么理好讲！"

狼听了很高兴："你听听，有什么道理好讲！"说着就要张开血口。

东郭先生说："这枣树老糊涂了，分不清好坏，我们再找一位评理吧。"

狼说："好吧。"

刚好一头老黄牛走了过来，东郭先生请老黄牛评理。

老黄牛哼了一声："我给人干了一辈子活，现在我老了，他们还要杀我，吃我的肉，我找谁去评理？"

狼一听更高兴了："你听听，什么道理不道理的，吃了你才是道理呢！"

东郭先生慌忙说："这老黄牛是气糊涂了，分不清好坏，我们还得再找别人评评理。"

东郭先生看到一个砍柴的农民朝他走来，就立即拉住他，请他评理。

这位砍柴的人听他讲完了经过，说道："你说的这些话，我有点儿不太相信，你救了它的命，它怎能吃你呢？这是天大的笑话，一定是你想害它，它才要吃你的。"

狼说："您说得太对了，他把我装在布袋里，还在我身上压了这么多书，不是害我是干什么？"

砍柴人这时把柴放下来，说道："你说的这话，我也不太相信，他这个小布袋能装下你这么大的身子吗？"

"你不相信？我钻给你看看。"

"那行，你钻给我看看。"

狼不服气地钻进袋子，把腿一缩尾一收，正想开口说话，这时砍柴人一下子将袋子口扎牢，举起柴刀把狼砍死在袋子里。

东郭先生听到狼的惨叫声，还愣在那里发呆。砍柴人对东郭先生说："跟凶恶的野兽讲什么理？还对它发慈悲，那不是自讨苦吃吗？"

猎人海力布
（蒙古族）

从前有一个人，名叫海力布，他靠打猎过活。他很愿意帮助人，打来禽兽，从不独自享用，总是分给大家。因此，海力布很受大家尊敬。

一天，海力布到深山去打猎，在密林的旁边，看见一条小白蛇盘睡在山丁子树下。他放轻脚步绕过去，不去惊动它。

正在这时，忽地从头上飞过来一只灰鹤，"嗖"的一声俯冲下来，用爪子抓住了盘睡的小白蛇，又腾空飞去。

小白蛇被惊醒后，尖叫："救命！救命！"

海力布急忙拉弓搭箭，对准顺着山峰飞升的灰鹤射去。灰鹤一闪，丢下了小白蛇就逃跑了。海力布对小白蛇说："可怜的小东西，快找你的爸爸妈妈去吧！"小白蛇向海力布点了点头，表示感谢，就隐到草丛里去了。海力布也收拾好弓箭回家了。

第二天，海力布路过昨天走过的地方，看见一群蛇拥着一条小白蛇迎了过来。

海力布觉得奇怪，想绕道过去，那条小白蛇却向他说道："救命的恩人，您好吗？您可能不认得我，我是龙王的女儿。昨天您救了我的性命，我的父母今天特地叫我来接您，请您到我们家去一趟，他们要当面谢您。"

小白蛇又继续说，"您到我的家里以后，他们给您什么您都别要，只要我父亲嘴里含着的宝石。您得到那块宝石，把它含在嘴里，就能听懂世上各种动物的话。但是，您所听到的话，只能自己知道，可不要向别人说，如果向别人说了，那么您就会从头到脚变成僵硬的石头而死去。"

海力布听了，一面点头，一面跟着小白蛇向深谷走去。走到一个仓库门前，小白蛇说："我的父母不能请您到家里去坐，就在仓库门前等您，现在已经来到这里了。"

小白蛇说话的时候，老龙王已经迎上前来，恭敬地说："您救了我的爱女，太感谢您了！这是我聚藏珍宝的仓库，我带您进去看看，您愿意要什么，就拿什么去，请不要客气！"说着，他把仓库门打开，引海力布进屋。只见屋里全是珍珠宝石，琳琅满目。

老龙王引着海力布看完这个仓库又走到另一个仓库。就这样，一连走了一百零八个仓库，但海力布没有看中一件宝贝。

老龙王很为难地问海力布："我的恩人！我这些仓库里的宝物，您一个也不稀罕吗？"

海力布说："这些宝物虽然很好，但只不过是美丽的装饰品，对我们打猎的人来说，没有什么用处。如果龙王真想送一点东西给我做纪念，就请把嘴里含的那块宝石给我吧！"龙王听了这话，低头沉思一会，忍痛把嘴里含的那块宝石吐了出来，递给海力布。

海力布得了宝石，辞别龙王出来的时候，小白蛇又跟着出来，再三叮嘱他说："有了这块宝石，您什么都可以知道。但是，您所知道的一切，一点也不能向别人说。如果说了，一定有危险，您可千万记住！"

从此，海力布在山中打猎更方便了。他能听懂鸟雀和野兽的语言，隔着大山有什么动物他都能知道。

这样过了几年，有一天，他照旧到山里去打猎，忽然听见一群飞鸟议论说："我们快到别处去吧！明天这里附近的大山都要崩裂，洪水泛滥，不知要淹死多少野兽哩！"

海力布听见了，心里很着急，也没有心思再打猎了，赶紧回家，向大家说：

"我们赶快迁移到别处去吧！这个地方住不得了！谁要不相信，将来后悔就来不及了！"

大家听了他的话都感到很奇怪，有的认为根本不会有事，有的认为可能是海力布发疯了。总之，谁都不相信。海力布急得掉下眼泪说："大家难道要我死了，才相信我的话吗？"

几个年长的人向海力布说："你从来不说谎话，这是我们大家都知道的。可是你现在说这个地方住不得，这是为什么呢？"

海力布想：灾难立刻就要来到了。如果我只顾自己避难，让大家遭祸，这能行吗？我宁肯牺牲自己，也要救出大家。

于是，他把如何得到宝石，如何利用它打猎，今天又如何听见一群飞鸟议论和忙着逃难的情形，以及不能把听来的事情告诉别人，如果告诉了，自己立刻就会变成石头而死等，都说了出来。

海力布边说边石化，渐渐变成了一块僵硬的石头。大家看见海力布变成了石头，很悲痛地赶着牛羊马群，举家迁徙。这时阴云密布，大雨已经下起来了。

到第二天早晨，在轰隆隆的雷声中，忽然听见一声震天动地的响声，霎时山崩水涌，洪水滔滔。大家都悲痛地说："要不是海力布为大家而牺牲，我们都要被洪水淹死了！"

　　后来，大家找到了海力布变的那块石头，把它搁在山顶上，好让子子孙孙都记住这位牺牲自己保全大家的英雄，子子孙孙都祭拜他。据说，现在还有一块叫"海力布"的石头存在。

鲁班学艺

　　鲁班年轻的时候，决心要上终南山拜师学艺。他拜别了爹娘，骑上马直奔西方，越过一座座山冈，蹚过一条条溪流，一连跑了三十天。前面没有路了，只见一座大山，高耸入云。鲁班想，怕是终南山到了。山上弯弯曲曲的小道有千百条，该从哪一条上去呢？鲁班正在为难，忽然看见山脚下有一所小房子，门口坐着一位老奶奶在纺线。鲁班牵马上前，作了个揖，问："老奶奶，我要上终南山拜师学艺，该从哪条道上去？"老奶奶说："这里九百九十九条道，正中间一条就是。"鲁班连忙道谢。他左数四百九十九条，右数四百九十九条，选准了正中间那条小道，打马跑上山去。

　　鲁班到了山顶，只见树林子里露出一带屋脊，走近一看，是三间平房。他轻轻地推开门，屋子里破斧子、烂刨子摊了一地，连个插脚的地方都没有。一个须发皆白的老头儿，伸长两条腿，躺在床上睡大觉，打呼噜像擂鼓一般。鲁班想，这位老师傅一定就是精通木匠手艺的神仙了。他把破斧子、烂刨子收拾进木箱里，然后规规矩矩地坐在地上等老师傅醒来。

直到太阳落山，老师傅才睁开眼睛坐起来。鲁班走上前，跪在地上说："师父啊，您收下我这个徒弟吧。"老师傅问："你叫什么名字？从哪儿来的？"鲁班回答："我叫鲁班，从一万里外的鲁家湾来的。"老师傅说："我要考考你，你答对了，我就把你收下；答错了，你怎样来还怎样回去。"鲁班不慌不忙地说："我今天答不上，明天再答。哪天答上来了，师父就哪天收我做徒弟。"

老师傅捋了捋胡子说："普普通通的三间房子，几根大柁？几根二柁？多少根檩子？多少根椽子？"鲁班张口就回答："普普通通的三间房子，四根大柁，四根二柁，大小十五根檩子，二百四十根椽子。五岁的时候我就数过，师傅看对不对？"老师傅轻轻地点了一下头。

老师傅接着问："一件手艺，有的人三个月就能学会，有的人得三年才能学会。学三个月和学三年，有什么不同？"鲁班想了想才回答："学三个月的，手艺扎根在眼里；学三年的，手艺扎根在心里。"
老师傅又轻轻地点了一下头。

　　老师傅最后提出第三个问题："两个徒弟学成了
手艺下山去，师父送给他们每人一把斧子。大徒弟
用斧子挣下了一座金山，二徒弟用斧子在人们心里
刻下了一个名字。你愿意跟哪个徒弟学？"鲁班马上
回答："愿意跟第二个学。"老师傅听了哈哈大笑。

　　老师傅说："好吧，你都答对了，我就把你收下。
向我学艺，就得使用我的家伙，可这些家伙，我已
经五百年没使用了，你拿去修理修理吧。"

　　鲁班把木箱里的家伙拿出来一看，斧子崩了口
子，刨子长满了锈，凿子又弯又秃，都该拾掇拾掇
了。他挽起袖子，就在磨刀石上磨起来。他白天磨，
晚上磨，磨得膀子都酸了，磨得两手起了血泡，又
高又厚的磨刀石，被磨得像一道弯弯的月牙。一直
磨了七天七夜，斧子磨快了，刨子磨光了，凿子也
磨出刃来了，一件件都闪闪发亮。他一件一件送给
老师傅看，老师傅看了不住地点头。

　　老师傅说："试试你磨的这把斧子，你去把门前
那棵大树砍倒。那棵大树已经长了五百年了。"

　　鲁班提起斧子走到大树下。这棵大树可真粗，几
个人都抱不过来；抬头一望，快要顶到天了。他抡
起斧子不停地砍，足足砍了十二个白天十二个黑夜，

才把这棵大树砍倒。

鲁班提起斧子进屋去见师傅。老师傅又说："试试你磨的这把刨子,你先用斧子把这棵大树砍成一根大柁,再用刨子把它刨光。要光得不留一根毛刺儿,圆得像十五的月亮。"

鲁班转过身,拿起斧子和刨子来到门前。他一斧又一斧地砍去了大树的枝,一刨又一刨地刨平了树干上的节疤,足足干了十二个白天十二个黑夜,才把那根大柁刨得又圆又光。

鲁班拿起斧子和刨子进屋去见师傅。老师傅又说:"试试你磨的这把凿子,你在大柁上凿两千四百个眼儿:六百个方的,六百个圆的,六百个棱的,六百个扁的。"

鲁班拿起凿子和斧子,来到大柁旁边就凿起来。他凿了一个眼儿又凿一个眼儿,只见一阵阵木屑乱飞。足足凿了十二个白天十二个黑夜,两千四百个眼儿都凿好了:六百个方的,六百个圆的,六百个棱的,六百个扁的。

鲁班带着凿子和斧子去见师傅。老师傅笑了,夸奖鲁班说:"好孩子,我一定把全套手艺都教给你!"说完就把鲁班领到西屋。原来西屋里摆着好多模型,有楼有阁有桥有塔,有桌有椅有箱有柜,各式各样,精致极了,鲁班把眼睛都看花了。老师傅笑着说:"你

把这些模型拆下来再安上，每个模型都要拆一遍，安一遍，自己专心学，手艺就学好了。"

老师傅说完就走出去了。鲁班拿起这一件，看看那一件，一件也舍不得放下。他把模型一件件擎在手里，翻过来掉过去地看，每一件都认真拆三遍安三遍。每天饭也顾不得吃，觉也顾不得睡。老师傅早上来看他，他在琢磨；晚上来看他，他还在琢磨。老师傅催他睡觉，他随口答应，可是不放下手里的模型。

鲁班苦学了三年，把所有的手艺都学会了。老师傅还要试试他，把模型全部毁掉，让他重新制造。他凭记忆，一件一件都造得跟原来的一模一样。老师傅又提出好多新模型让他造。他一边琢磨一边做，结果都按师傅说的式样做出来了。老师傅非常满意。

一天，老师傅把鲁班叫到跟前，对他说："徒弟，三年过去了，你的手艺也学成了，今天该下山了。"鲁班说："不行，我的手艺还不精，我要再学三年！"老师傅笑笑，说："以后你自己边做边学吧。你磨的斧子、刨子、凿子，就送给你了，你带去使吧！"

鲁班舍不得离开师父，可是知道师父不肯留他了。他哭着说："我给师父留点什么东西呢？"老师傅又笑了，他说："师父什么也用不着，只要你不丢师父的脸，不坏师父的名声就足够了。"

　　鲁班只好拜别了师父，含着眼泪下山了。他永远记着师父的话，用师父给他的斧子、刨子、凿子，给人们造了许多桥梁、机械、房屋、家具，还教了不少徒弟，留下了许多动人的故事，所以后世的人尊他为木工的祖师。

宝 莲 灯

　　中国有东岳泰山、南岳衡山、西岳华山、北岳恒山、中岳嵩山五座名山。却说那西岳华山，也有东峰朝阳、南峰落雁、西峰莲花、北峰云台、中峰玉女五座山峰，如花瓣般盛开在关中大地上，煞是美丽，所以当初人称花山，后来又被叫作华山。

　　掌管华山的神仙是一位如花般美丽、如水般温柔的仙女——华山三圣母娘娘。这三圣母住在莲花峰顶的圣母殿里，身边有一盏王母娘娘赠的镇山之宝——宝莲灯。

　　只要宝莲灯显威，不管哪路妖魔、哪方神仙，都会束手就擒，或逃之夭夭。不过三圣母仁慈，常常不辞辛苦，用神灯指引进山迷路或陷入危难的人。

　　这天，大雪纷飞，游人、香客全无。三圣母正独自在殿上且歌且舞，忽见一人跨进庙来。她急忙登上莲花宝座，化为一尊塑像。进来的是位进京赶考的年轻书生，叫刘彦昌，因路遇大雪，想进庙避避。他刚跨进大殿，就被三圣母的塑像深深地吸引了。可惜，这是一尊没有血肉、没有情感和知觉的塑像！

刘彦昌怀着深深的遗憾，抑制不住内心的爱慕之情，取出笔墨，龙飞凤舞地在大殿的白壁上题诗一首：

只疑身在仙境游，人面桃花万分羞。

咫尺刘郎肠已断，寻她只在梦里头。

三圣母默默地凝视着刘彦昌，心里十分矛盾：眼前这位年轻书生多么英俊、潇洒、有文采，又对自己满怀深情，自己又何尝不喜欢他呢？可是，一个上界仙女，一个下界凡人，又怎能缔结姻缘？

雪停了，三圣母目送惆怅离去的年轻人，心中也依依不舍。

再说刘彦昌，离开圣母殿没走多远，山中忽然起了大雾，让他寸步难行，而且四面又传来狼嗥虎啸。三圣母孤单身行路的书生担忧，连忙提着宝莲灯出门观看，只见大雾茫茫一片。突然下面传来呼救声，原来一头猛虎正向刘彦昌扑去。三圣母赶紧用神灯一照，立刻云消雾散，猛虎也受惊逃走了。刘彦昌认出救他的正是三圣母娘娘。二人四目相对，终于走到了一起。

婚后，两人恩爱无比。后来，刘彦昌考期临近，三圣母已有身孕。上路赶考前，刘彦昌赠三圣母一块祖传沉香，说日后生子可以"沉香"为名。二人十里相送，难舍难分。

天下没有不透风的墙，三圣母私嫁凡人的消息终于让她的哥哥二郎神知道了。这二郎神性情专横，头脑古板，觉得妹妹私自下嫁凡人，不但犯了天规，而且败坏门风，害得他在天庭丢脸。他怕玉帝一旦问罪，自己受牵连，就毫不犹豫地点起天兵天将，放出哮天犬，直奔华山兴师问罪。

兄妹俩话不投机，动起手来。无奈三圣母有宝莲灯护身，二郎神总近不了她的身。但打着打着，三圣母忽觉腰酸腹痛。她刚一踉跄，一旁的哮天犬猛地冲上来，一口咬住了宝莲灯。没了宝莲灯，二郎神一下子就捉住了三圣母。他命三圣母打消凡心，三圣母坚决不从。二郎神气得"哇呀呀"怪叫，一掌把三圣母打入莲花峰下的黑云洞里，让她永远不得出来。

三圣母在暗无天日的黑云洞里生下儿子沉香。为防不测，她写下血书放入孩子怀中，又托付土地：一个月后在圣母殿里，将孩子交给前来朝山的刘彦昌。

再说上京赶考的刘彦昌一举金榜题名，被任命为扬州巡抚。他走马上任前，特来华山见三圣母。谁知圣母殿里积满灰尘，四面蛛网，满目凄凉。再看三圣母塑像，虽说容貌依旧，却好像面带愁容，神色忧伤。

刘彦昌正在低头难过，忽然吹来一阵香风，又听到有孩子的哭声。刘彦昌猛一抬头，见香案上躺着个婴儿，正蹬手蹬脚地哭呢。他连忙上前抱了起来，原来是个男婴，脖子上挂着沉香，怀里还揣着血书。

刘彦昌读完血书，泪如雨下，原来三圣母遭此大难，眼前的男婴就是自己的儿子！

刘彦昌哭着把沉香带回扬州，雇了奶妈，留在自己身边细心抚养。沉香一天天长大，聪明伶俐，身强体壮，也渐渐地懂事了。

十三岁那年，沉香偶然在父亲的箱柜里翻出血书，才知道母亲被压在华山底下。他一心想救出母亲，但父亲对此总是摇头叹气。一天，沉香实在忍不住了，就带了血书，不辞而别，独自上华山救母。

沉香走啊走，磨破了脚掌，吃尽了千辛万苦，终于走到了华山。可是，母亲在哪里呢？

他放声大哭，悲惨的哭喊声在山谷中回荡，惊动了过路的霹雳大仙。好心的大仙看了血书，深为善良的三圣母和苦难的孩子抱不平。霹雳大仙想了想，就答应带沉香去救母亲。

沉香催大仙赶紧上路。于是，大仙在前面行走如飞，沉香在后面紧紧相随，不敢落下半步。

走着走着，前面出现一条大河，只见霹雳大仙一飘就过去了。河上没有桥，也没有船，但沉香想也没想，就奋不顾身地跳下河，想游过去追赶大仙。谁知这条河不是一般的河，而是天河。沉香跳到天河里，被天河水一冲洗，很快脱胎换骨，变得力大无比。

霹雳大仙又告诉他：前面山里锁着一把宝斧，有了宝斧才能劈开华山。沉香直奔过去，只见那里燃烧着烈火，一团团火焰直往外蹿。沉香一心取宝斧，什么也顾不上了，纵身就往烈火里跳。谁知里面并没有火，只见一把宝斧被锁在山崖上，闪耀着红光。沉香一步跨了过去，扭断锁链，取下宝斧。

有了神力和宝斧，沉香谢过霹雳大仙，再上华山救母。他来到华山黑云洞前，大声呼唤娘亲。他的呼唤声声穿透重重岩层，传入三圣母的耳中。

三圣母知道儿子来救自己，激动不已。但她知道哥哥二郎神神通广大，连当年大闹天宫的孙悟空也败在他的手中。沉香年幼，二郎神又抢去了宝莲灯，儿子哪里是他的对手呢？无奈，三圣母叫儿子不要轻举妄动，还是去向舅舅求情。

沉香来到二郎神庙，向舅舅二郎神苦苦哀求。谁

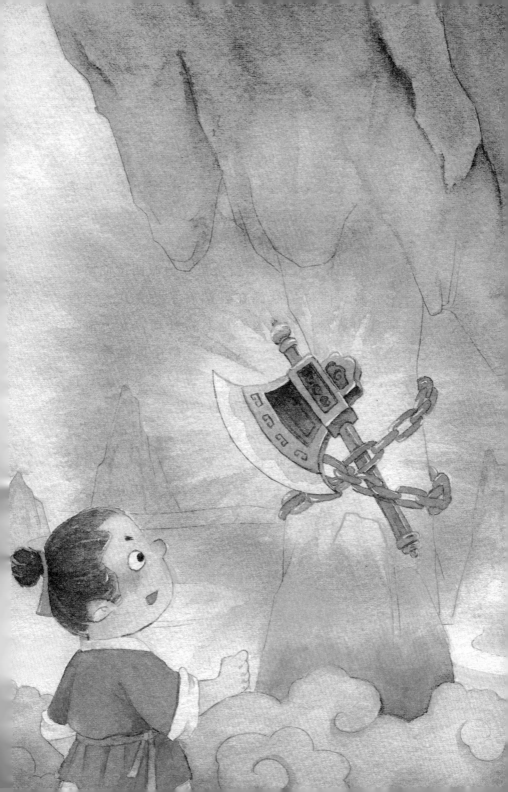

知二郎神铁石心肠，非但不肯放出三圣母，反而舞起三尖两刃刀，劈头向沉香砍来。

沉香怒不可遏，觉得二郎神欺人太甚，便抡起宝斧，迎了过去。二人云里雾里，刀来斧往，山里水里，变龙变鱼，从天上杀到地下，从人间杀到天庭，直杀得地动山摇，翻江倒海，天昏地暗。

这件事惊动了天上的太白金星，他派四位仙姑前去看个究竟。四位仙姑站在云端看了一会儿，觉得二郎神身为舅舅，如此凶狠地对待外甥，太无情无义了。于是，她们相互一使眼色，暗中助沉香一股神力。沉香越战越勇，二郎神再也招架不住，只得落荒而逃，宝莲灯也落到沉香的手中。

沉香立即赶回华山，来到黑云洞前。只见他抡起宝斧，猛劈过去。只听得轰隆隆一声巨响，华山裂开了。受了整整十三年苦难的三圣母重见天日，和儿子紧紧地拥抱在一起。

一幅壮锦 ①
（壮族）

古时候，大山脚下有一块平地，平地上有几间茅屋，茅屋里住着一位妲布②。她的丈夫死去了，留下三个孩子，大孩子叫勒墨③，老二叫勒堆厄④，最小的叫勒惹⑤。

妲布织得一手好壮锦，锦上织起的花草鸟兽，活鲜鲜的，人家都买她的壮锦来做背带心、被窝面、床毡子。一家四口，就靠妲布的一双手挣钱过日子。

有一天，妲布拿着几幅壮锦到集市上去卖，看见店铺里有一张五彩的画，画得很好。画上有高大的

———————

① 壮锦：壮族人民喜爱的一种有彩色花纹和图案的丝织品，是壮族地区的特产之一。
② 妲布：壮语，老妇人。
③ 勒墨：壮语，长子。
④ 勒堆厄：状语，次子。
⑤ 勒惹：状语，幼子。

房屋、漂亮的花园、大片的田地，有果园、菜园和鱼塘，还有成群的牛羊鸡鸭。她看了又看，心头乐滋滋的，本来卖锦得的钱打算全都买米的，但因为爱这张画，就少买了一点米，把画买了下来。

在回家的路上，妲布几次坐在路边打开画来看。她自言自语地说："我能生活在这么一个村庄里就好了！"

回到家，她把图画打开给儿子们看，儿子们也看得笑嘻嘻的。

妲布对大仔说："勒墨，我们最好住在这么一个村庄里啊！"

勒墨撇撇嘴说："阿咪①，做梦吧！"

妲布对二仔说："勒堆厄，我们住在这么一个村庄里才好啊！"

勒堆厄也撇撇嘴说："阿咪，第二世吧！"

妲布皱着眉头对小仔说："勒惹，不能住在这样一个村庄里，我会闷死的！"说完，长长地叹了一口气。

勒惹想了一想，安慰母亲说："阿咪，您织锦织得很好，锦上的东西活鲜鲜的，您最好把这张图画织在锦上，经常看着它，就和住在美丽的村庄里一样了。"

---

① 阿咪：壮语，妈妈。

妲布想了一会儿，咂咂嘴说："你说得很对，我就这样做吧！不然我会闷死的。"

　　妲布买来五彩丝线，摆正布机，依照图画织起来。

　　织了一天又一天，织了一月又一月。

　　勒墨和勒堆厄很不满意妈妈这样做，他们常拉开她的手说："阿咪，您总织不卖，专靠我们砍柴换米吃，我们太辛苦了！"

　　勒惹对大哥、二哥说："让阿咪织吧，她不织会闷死的。你们嫌砍柴辛苦，由我一个人去砍好了！"

　　于是一家人的生活，就由勒惹不分日夜地上山砍柴来维持。

　　妲布也不分日夜地织锦。晚上，燃起油松来照亮。油松的烟很大，把妲布的眼睛熏坏了，可是妲布还是不肯歇手。一年以后，妲布的眼泪滴在锦上，她就在眼泪上织起了清清的小河，织起了圆圆的鱼塘。两年以后，妲布的眼睛流出血滴在锦上，她就在血滴的位置上织起了红红的太阳，织起了鲜艳的花朵。

　　织呀织，一连织了三年，这幅大壮锦才织成功。

　　这幅壮锦真美丽呀！

　　几间高大的房子，蓝的瓦，青的墙，红的柱子，黄的大门，门前是一座大花园，开着鲜艳的花朵。花园里有鱼塘，金鱼在塘里摆尾巴。房子左边是一座果园，果树结满红红的果子，果树上有各种各样的飞鸟；房子右边是一座菜园，园里满是青青的菜、黄黄的瓜；房子后面是一大片草地，草地上有牛羊棚、鸡鸭笼，牛羊在草地上吃草，鸡鸭在草地上啄虫。离房子不远的山脚下，有一大片田地，田地里满是金黄的玉米和稻谷。清清的河水在村前流过，红红的太阳挂在天上。

"啧啧，这幅壮锦真美丽啊！"三个孩子赞叹着。

妲布伸一伸腰，擦着红红的眼睛，咧开嘴巴笑了，笑得好痛快。

忽然，一阵大风从西方刮过来，"呼啦"一声，把这幅壮锦卷出大门，卷上天空，一直朝东方飞去了。

妲布赶忙追了出去，摇摆着双手，仰着头大喊大叫："啊呀，转眼壮锦不见了！"

妲布昏倒在大门外。

三兄弟把妈妈扶回来，让她躺在床上，给她灌了一碗姜汤，她才慢慢醒过来。她对长子说："勒墨，你去东方寻回壮锦来，它是阿咪的命根啊！"

勒墨点点头，穿起草鞋，向东方走去，走了一个月，到了大山隘口。

大山隘口有一间石头砌的屋子，屋子右边有一匹大石马，石马张开嘴巴，想吃身边一苑①。红红的杨

---

① 苑：量词。相当于"棵"或"丛"。

梅果。屋门口坐着一位白发老奶奶，她看见勒墨走过就问他："孩子，你去哪里呀？"

勒墨说："我去寻一幅壮锦，是我妈织了三年的东西，被大风刮往东方去了。"

老奶奶说："壮锦被东方太阳山的一群仙女要去了。她们见你妈的壮锦织得好，要拿去做样子。到她们那里可不容易哩！先要把你的牙齿敲落两颗，放进我这大石马的嘴巴里，大石马有了牙齿，才会活动，才会吃身边的杨梅果。它吃了十颗杨梅果，你跨上它的背，它就驮你去太阳山。在路途中要经过大火熊熊的发火山，石马钻进火里，你得咬紧牙根忍耐，不能喊痛；只要喊一声，就会被烧成火炭。越过了发火山，就到汪洋大海，海里风浪很大，会夹着冰块向你身上冲来。你得咬紧牙根忍耐，不能打冷战；只要打一个冷战，浪头就会把你埋入海底。渡过汪洋大海，就可以到达太阳山，问仙女要回你妈的壮锦了。"

勒墨摸摸自己的牙齿，想想大火烧身，想想海浪冲击，脸色"唰"地青起来。

老奶奶望望他的脸，笑笑说："孩子，你经受不起苦难，不要去吧！我送你一盒金子，你回家好好生活吧。"

老奶奶从石屋里拿出一小铁盒金子交给勒墨，勒墨接过小铁盒，回身走了。

勒墨一路往家走，一路想："有这一盒金子，我的生活好过了，可不能拿回家呀！四个人享用，哪有一个人享用那么舒服呢？"想着想着，他决定不回家了，转身向一个大城市走去。

妲布病得瘦瘦的，躺在床上等了两个月，不见勒墨转回家，她对第二个儿子说："勒堆厄，你去东方寻回壮锦吧，那幅壮锦是阿咪的命根啊！"

勒堆厄点点头，穿起草鞋，向东方走去。走了一个月，到了大山隘口，又遇着老奶奶坐在石屋门口。老奶奶又照样对他说了那番话，勒堆厄摸摸牙齿，想想大火烧身，想想海浪冲击，脸也"唰"地青了。

老奶奶交给他一小铁盒金子，他拿着小铁盒，也和大哥的想法一样，不肯回家，向着大城市走去。

妲布病在床上，又等了两个月，身体瘦得像一根干柴棒。她天天望着门外哭，哭呀哭的，眼睛就哭瞎了，看不见东西了。

有一天，勒惹对妈妈说："阿咪啊，大哥二哥不见回来，大约在路上遇到了什么不好的事情。我去吧，我一定把壮锦寻回来！"

妲布想了一想，说："勒惹你去吧，一路上留心自己的身体啊！邻居会照顾我的。"

勒惹穿起草鞋，挺起胸脯，大踏步向东方走去，只消半个月就到了大山隘口，在这里也遇见老奶奶坐在石屋门前。

老奶奶照样对他说了一番话，接着说："孩子，你大哥、二哥都拿一小盒金子回去了，你也拿一盒回去吧！"

勒惹拍着胸脯说："不，我要去找回壮锦！"随即拾起一块石头，敲下自己两颗牙齿，把牙齿放在大石马嘴里。大石马活动起来，伸嘴就吃杨梅果。勒惹看它吃了十颗，即刻跳上马背，抓住马鬃毛，两腿一夹，石马仰起头长嘶一声，便飞快地向东方跑去。

跑了三天三夜，到了发火山，红红的火焰向人马扑过来，火烫着皮肤，"吱吱"地响。勒惹伏在马背上，咬紧牙根忍受着，约莫半天才越过发火山。接着又跳进汪洋大海里，海浪夹着大冰块冲击过来，打得他又冷又痛。勒惹伏在马背上，咬紧牙根忍受着。半天工夫，马跑到了对岸，这里就是太阳山了。太阳暖烘烘地照在勒惹的身上，好舒服啊！

太阳山顶上有一座金碧辉煌的大房子，里面飘出女子的歌唱声和欢笑声。

勒惹把两腿一夹，石马四脚腾空跃起，转眼到了大房子的门口。勒惹跳下马来，走进大门，看见一大群美丽的仙女围在厅堂里织锦，阿咪的壮锦摆在中间，大家正依照它来学着织。

她们一见勒惹闯进来，吃了一惊。勒惹把来意说明了，一个仙女说："好，我们今晚上就可以织完了，明天早上还给你。请你在这等一晚吧！"

勒惹答应了。仙女拿了许多仙果给他吃，仙果味道真好啊！

勒惹身体很疲倦，靠在椅子上呼呼地睡着了。

夜里，仙女们在厅堂里挂起一颗夜明珠，把厅堂照得明亮亮的，她们就连夜织锦。

有一个穿红衣的仙女，手脚最伶俐，她一个人首先织完。她把自己织的和姐布织的一比，觉得姐布织的好得多：太阳红耀耀的，鱼塘清溜溜的，花朵嫩鲜鲜的，牛羊活灵灵的。

红衣仙女自言自语地说："我若是能够在这幅壮锦上生活就好了！"她看见别人还没有织完，便顺手拿起丝线，在姐布的壮锦上绣上自己的像，站在鱼塘边，看着鲜红的花朵。

勒惹一觉醒来，已经到了深夜，仙女们都回房睡觉了。在明亮的珠光下，他看见阿咪的壮锦还摆在桌子上，他想："明天她们若是不把壮锦给我，怎么办呢？阿咪病在床上很久了，不能再拖延了啊，我还是拿起壮锦连夜走吧！"

　　勒惹站起身，拿起阿咪的壮锦，折叠起来，藏在贴胸衣袋里。他走出大门，跨上马背，两腿一夹。石马趁着月光，飞快地跑了。

　　勒惹咬紧牙根，伏在马背上，渡过了汪洋大海，翻过了喷火高山，很快又回到了大山隘口。

　　老奶奶站在石屋前，笑哈哈地说："孩子，下马吧！"

　　勒惹跳下马来，老奶奶从马嘴里扯出牙齿，安进勒惹的嘴里，石马又站在杨梅树边不动了。

　　老奶奶从石屋里拿出一双鹿皮鞋，交给勒惹说："孩子，穿起鹿皮鞋快回去吧，阿咪快要死了！"

　　勒惹穿起鹿皮鞋，两脚一蹬，瞬间就到了家。他看见阿咪躺在床上，瘦得像一根干柴，有气无力地哼着，真的快要死了。

　　勒惹走到床前，喊一声"阿咪"，就从胸口拿出壮锦，在阿咪面前一展。那耀眼的光彩，立刻把阿咪的眼睛照亮了，她一骨碌从床上爬起来，笑眯眯地看着她亲手织了三年的壮锦，说："孩子，茅屋里墨黑墨黑的，我们拿到大门外太阳光下看吧。"

　　娘儿俩走到门外，把壮锦展铺在地上，一阵香风吹来，壮锦慢慢地伸长、伸宽，把几里的平地都铺满了。

　　妲布原来住的茅屋不见了，只见几间金碧辉煌的大房子，周围是花园、果园、菜园、田地、牛羊，像锦上织的一模一样，姐布和勒惹就站在大房子门前。

忽然，姐布看见花园里鱼塘边有个红衣姑娘在那里看花，姐布急忙走过去问，姑娘说她是仙女，因为把自己的像绣在壮锦上面，就被带来了。

姐布把仙女邀进屋里，共同住下。

勒惹和这个美丽的仙女结了婚，过着幸福的生活。

姐布又邀附近的穷人也来这个村庄里居住，因为她在病中，得到了他们的照顾。

有一天，村旁来了两个叫花子，他们就是勒墨和勒堆厄。他们得了老奶奶的金子，跑到城里去大吃大喝，不久金子便用完了，只得做叫花子，乞讨过活。

他们来到这个美丽的村庄，看见阿咪和勒惹夫妻在花园里快快乐乐地唱歌，又想起过去的事情，没脸进去，拖着乞讨杖跑了。

牛郎织女

　　相传很久很久以前，人间和仙境只隔着一条宽阔的银河。人间在东岸，仙境在西岸。玉皇大帝和其他神仙能渡过银河，下凡来到人间，可是凡人永远不能渡过美丽、神秘的银河来到仙境。

　　仙境中有很多年轻、漂亮的仙女，她们都是王母娘娘的外孙女儿。其中有一位长得尤为美丽动人，而且心灵手巧，能织出天上最好看的云锦天衣。天衣的颜色可以随着季节和气候的转变而不断变幻，因此仙境的人都称她为织女。

　　银河的东岸，住着一位青年，以放牛为生，大家都叫他牛郎。牛郎为人忠厚老实，父母双亡后，他被哥哥嫂嫂赶出家门，只有家中的一头老牛与他相依为命。他每天辛辛苦苦地劳动，想用自己勤劳的双手建立一个美满、幸福的家。

一天，老牛突然开口说话了。它告诉牛郎："你年纪不小了，应该娶个媳妇了。明天天上的仙女要到银河里洗澡，你可以趁她们下水的时候，偷拿一件留在岸上的衣裙。这件衣裙的主人会成为你的媳妇。"牛郎十分惊异。

第二天，牛郎躲在河边草丛里，果然看见无数仙女飘然而至。待仙女们脱衣下水后，牛郎慌慌张张地拿起了一件衣裙。顿时，河中一片混乱。仙女们赶紧穿上衣裙，匆匆忙忙地回到仙境。河中只留下织女，牛郎拿的正是她的衣裙。牛郎恳求织女嫁给他。织女看牛郎十分诚恳，就点头答应了。

两人以老牛为证婚人，拜天地成了亲。婚后两人相亲相爱，过着男耕女织的美满生活，还生了一双儿女。但是，好景不长，织女私自下嫁凡人的事，很快让玉皇大帝和王母娘娘知道了。他们大为震怒，急令天神立即将织女从人间带回天庭，并罚她日日织布，不得离开天庭半步。

天神闯进牛郎的家，抓住织女就走。牛郎和两个孩子紧紧抱住织女不放。织女泪如泉涌，苦苦哀求天神，不要拆散他们一家。天神哪里肯听，一把推倒牛郎和孩子，强行把织女拖走了。牛郎和一双儿女哭成了泪人。

这时，老牛又开口说话了："牛郎，我快要死了。

我死之后，你剥下我的皮披在身上，就可以蹚过银河找织女了。"说完，老牛果真死了。牛郎含泪剥下牛皮，又找来扁担和两只箩筐，一头放着儿子，一头放着女儿，挑起担子，披上牛皮，立刻腾云驾雾地走进了茫茫银河。

银河广阔无边，波涛滚滚。一家三口边哭边找，悲惨的呼喊声穿透云霄，震撼天庭。织女听到儿女的哭喊，不顾一切地挣脱束缚，向牛郎他们奔去……

这一切被王母娘娘看在眼里，恨在心上。她恼怒地从脑后拔下一根金簪，在空中一划。顿时，织女和牛郎被阻隔在银河两岸，望眼欲穿，痛苦不堪。

织女思念牛郎和一双儿女，日夜哭泣，无心开机织布。玉皇大帝没有办法，就规定每年农历七月初七，由喜鹊在银河上搭一座鹊桥，让牛郎、织女全家相见一次。

从此，农历七月初七这天，人间很少见到喜鹊，据说都到银河上搭鹊桥去了。

白蛇传

　　传说四川峨眉山的一个洞里，住着一条修炼了一千年的白蛇和一条修炼了八百年的青蛇。她们虽是蛇精，却心地善良，从不和人作对。

　　一天，白蛇和青蛇耐不住洞中的寂寞，就瞒着师父黎山老母，变作两位美丽的姑娘，一个叫白娘子，一个叫小青，来到人间天堂杭州游玩。

　　两人正在西湖断桥边看荷花，忽然间乌云密布，电闪雷鸣，一场倾盆大雨眼看就要泼下来。白娘子和小青既没带伞，又不便在众人眼皮底下变化，正着急，一位样貌老实的年轻人走上前来说："两位小娘子用我的伞吧。"两人感激不尽，约好明天到他宅上还伞。

　　第二天，白娘子和小青按年轻人留下的地址找到钱塘门，才知他姓许名仙，父母双亡，寄住在姐姐家，现在一家药店当伙计。白娘子见许仙忠厚老实，心地善良，有意和他结为夫妻。

许仙当然打心眼里高兴，当时便由小青撮合，二人结为夫妻。许仙成家后搬出姐姐家，和白娘子在西湖边开了一家药店。由于许仙人缘好，手脚勤快，白娘子神通广大，什么草药都找得到，他们的药店生意越来越红火。

一天，许仙正在柜台里做生意，门外进来一个化缘的和尚。那和尚一见许仙，忙说："阿弥陀佛，贫僧是镇江金山寺住持法海。今见施主面带妖气，想必家有妖怪！"

许仙大吃一惊，说："我家中只有妻子和她的妹妹，哪来的妖怪？"

"既然如此，"法海道，"可能你那妻子就是妖怪。你先不要声张，等端午节时引她喝下一杯雄黄酒，一切便知。日后有事，可到金山寺找我。"

端午节那天，白娘子在丈夫的勉强下喝了一口雄黄酒，马上感觉头昏眼花，忙叫小青扶她回房休息。隔了好一会儿，许仙不见白娘子动静，就进房掀帐一看，只见一条水桶粗的白蛇横在床上，浑身冒着酒气。许仙当场吓得"哎呀"一声，仰面跌倒在地，死了。

许仙的惊叫声唤醒了白蛇。她道行很深，马上又变成了人形。看见许仙吓死了，白娘子慌了手脚，连忙和小青一起把许仙抬上床，说："妹妹，我只有上灵山盗来灵芝草，才能救活官人。"小青忙阻拦道："姐姐，你现在已有身孕，这一去凶多吉少哇！""管不了那么多了。我去了！"说罢，白娘子驾起云头，直奔灵山。

守护灵芝草的灵山鹿兄鹤弟可不是省油的灯。他俩仗剑拦住已盗得仙草的白娘子，三人战在一处。白娘子无心恋战，只求尽快脱身离去，加上自己已有身孕，战斗力大打折扣，斗了几十个回合，早已是脸红心跳，披头散发，但为了救丈夫的命，她还是发狠苦斗。

"住手！"随着一声断喝，只见山主南极仙翁缓缓走上前来。白娘子自知理亏，赶忙上前拜见。南极仙翁一声长叹："你尘缘未了，该此一劫。快快去吧。"白娘子大喜，拜了三拜，一阵风似的赶了回来。

吃了灵芝草，不一会儿，许仙就慢慢地睁开了眼睛。白娘子长嘘了一口气。许仙一见白娘子，吃惊地喊道："你……你……"白娘子连忙安慰他："官人，刚才你看见的白蛇已被我杀死了，我扶你去看看。"许仙看见一条水桶粗的白蛇被杀死在院里，将信将疑。一天，他假托要到镇江金山寺还愿，就一个人动身去了。

法海一见许仙，便说："施主，你脸上的妖气更重了。"许仙十分疑惑："可我的妻子和常人并没什么两样啊！"法海道："那是她道行深的原因。施主放心，不出一个月，老僧定会将她捉住，镇在宝塔下面，叫她永远不能再迷惑人。"

许仙一听这话，想起妻子的温柔体贴和万般好处，忙说："老法师，谢谢你的好意。不管你怎么说，我都不相信我妻子是妖怪。今后我们夫妻俩的事，不劳你烦心了。"说着便要离开。法海让徒弟拦住许仙，说："施主现在不能走，否则你会越陷越深。"法海硬把许仙留在了金山寺。

过了几天，白娘子见丈夫还没回家，心中不安，便和小青一起上镇江金山寺来寻许仙。法海手持金钵，拦住二人道："大胆妖怪，竟敢寻上门来。真是天堂有路你不走，地狱无门你偏行。"

小青圆睁双眼喝道："老秃驴，快把我姐夫放出来，万事皆休，否则踏平你这鬼寺！"法海一听火冒三丈，大红袈裟一飘，舞动禅杖，和小青斗在一起。

白娘子因道行不及法海，又有孕在身，忙拔下金钗，迎风一晃，转眼滔滔江水汹涌而来，把金山寺团团困住。一群虾兵蟹将舞刀弄棒，杀上金山寺。

法海大吃一惊，慌忙脱下袈裟，向空中一甩，罩住金山寺。结果洪水涨高一尺，金山寺就升高一尺，总是淹不掉金山寺。双方相持好几个时辰，最后白娘子只好退掉洪水，返回杭州。

白娘子水漫金山，许仙终于明白妻子并非人类。说来奇怪，许仙这时反倒踏实了，觉得妻子比许多人更可爱，更温柔善良。

一天，他趁法海不注意，偷偷跑出金山寺，赶回杭州。白娘子不在家，他赶到他们第一次见面的断桥，看见白娘子和小青正坐在一条船上。

小青一见许仙，劈头就问："你还有脸来？你怎么不带秃驴一道来捉我们？"白娘子也说："官人，你我夫妻一场，你总知道我的为人……"说着说着，眼泪忍不住流了下来。

许仙非常难受，诚恳地说："娘子，是我一时糊涂，我对不起你。"于是三人和好如初，一同回家。

几个月后，白娘子生下一个白白胖胖的儿子，全家都高兴得合不拢嘴。儿子满月这天，许仙正高高兴兴地办宴席，谁知法海又手持金钵上了门。

许仙忙说："老法师，我妻子到底是人是妖，是好是坏，我比谁都清楚。但我很爱她，她也很爱我，请你再不要破坏我们的幸福了。"

法海道："阿弥陀佛，施主。不管她如何变化，她总是蛇精，是蛇精就一定会害人。老僧这是为你好。"说着便闯进门来，悬起金钵，对准白娘子罩来。可怜白娘子正在坐月子，无力反抗。

小青正要冲过来与法海拼命，白娘子急忙喊道："小青快逃！他不敢杀我。你练好本领再来救我，快走！"金钵罩住了白娘子，法海把她压到西湖边的雷峰塔下，自己也在西湖边的净慈寺住了下来。

小青逃回峨眉山，苦练十八年后，信心百倍地来净慈寺找法海报仇。二人斗了几十回合，法海毕竟年纪大了，只有招架之功，哪有还手之力。小青越战越勇，忽见她手起剑落，削向附近的雷峰塔。只听轰隆隆一阵巨响，雷峰塔倒了下来，白娘子又恢复了人形，上来夹攻法海。

法海慌不择路，一个金蝉脱壳，跳进西湖，躲进一只螃蟹的硬壳里。据说至今人们还能在螃蟹壳里看到缩成一团的老法海哩。

许仙和白娘子、小青又见面了，还带来已长成英俊小伙的儿子。一家人紧紧地抱在一起，流下了幸福的泪水。

梁 山 伯 与 祝 英 台

　　浙江上虞有个祝员外，老来得女，视若掌上明珠，取名祝英台。祝英台从小聪明伶俐，不仅女孩子家的针线活样样精通，就是读书识字，也比一般男孩子强得多。到了十几岁，家乡附近再也找不出可以教她的老师了，她就吵着要到杭州的书院去读书。

　　二老哪里舍得，更放心不下她一个女子孤身出远门，但架不住她死缠硬磨，撒娇耍赖，二老只得松口，条件是她必须女扮男装，因为当时女儿家轻易抛头露面是要遭人笑话的。于是，祝英台脱下女儿装，换上书生服，带了个贴身书童就上路了。

　　祝英台要去的杭州万松书院名气很大，有许多慕名前来的学生。其中有个从宁波来的梁山伯，不但长得眉清目秀，而且学习十分刻苦，才华横溢，人又特别忠厚老实，祝英台对他很有好感。

说来也巧，老师把他俩安排在同一寝室，这让祝英台又喜又忧。好在祝英台心细，平时非常注意，加上梁山伯憨厚诚实，一切都还正常，没露出什么马脚。

祝英台每晚睡觉前都要在她和梁山伯的床中间放一口箱子，箱子上放一碗水，并告诫梁山伯不要乱动，不能把水打翻。梁山伯觉得很好玩儿，就照办了。所以两人同床三年，梁山伯压根儿不知道祝英台原来竟是女儿身。

同窗三载，梁山伯和祝英台的友谊一天天加深，但祝英台设下的规矩也越来越多。后来，她觉得不宜再跟梁山伯继续住下去，加上思念父母，就决定告别老师、同学回家去。

梁山伯恋恋不舍，又老实得说不出什么劝阻的话，就闷着头送了祝英台一程又一程。

一路上，祝英台的心情矛盾极了：该不该告诉梁山伯真相呢？不告诉他吧，这书呆子怕是永远也不会知道，自己和他这一别也许就成了永别；告诉他吧，自己一个女儿家又如何开口？再说要是让外人知道，不只会笑掉大牙，还会丢了父母的脸，丢了祝家的脸。

正拿不定主意，祝英台忽见迎面有棵大槐树。她眼珠一转，开口念出一首诗来：

> 先生门前一棵槐，一对书生出门来。
> 前面走着梁山伯，后面走着祝英台。
> 梁山伯与祝英台，前世姻缘配起来。

梁山伯一听忙赞："贤弟说得真好！我俩能在一起读书三年，能在一个屋子里同住三年，又相处得这么好，的确是姻缘好哇；"祝英台白了他一眼，又继续往前走。看到一朵龙爪花，祝英台又念道：

> 抬头来看龙爪花，我爹是你丈人家。
> 低头拾起金豆子，我弟是你小舅子。
> 低头拾起地骨皮，我妹是你小姨子。

梁山伯听了连连摇头："贤弟真是个书呆子，跟这些花儿豆儿攀什么亲家。"祝英台气得暗暗咬牙切齿，心里骂梁山伯真不开窍。

两人走过一村又一庄，眼见前面横着一条河，河里有一群鹅，正在追逐戏水，玩得高兴呢。祝英台开口念道：

> 过了一村又一河，上头游来一对鹅。
> 雄的前头喳喳叫，雌的后面喊哥哥。
> 看看雄鹅与雌鹅，好比梁兄你和我。

"唉，"梁山伯不满地说，"贤弟又在开玩笑了，怎么把我比作呆头呆脑的鹅呢？"祝英台见梁山伯是个榆木脑袋，急得赤头紫脸，又不能明白地告诉他。这时候，一位老船工把船靠到岸边来渡梁山伯和祝英台，祝英台又做最后的努力：

> 对岸驶来一条船，我是岸来你是船。
> 从来只见船靠岸，何时见过岸靠船。

梁山伯越听越糊涂，心想："人说我呆，我这贤弟今天怎么比我还呆，尽说些摸不着头脑的话。"

说话间，二人已走了十八里路。祝英台看梁山伯依旧傻乎乎的，只好使出最后一招："梁兄，送君千里，终有一别，我们就在这里分手吧。不过，临别小弟有句话要对你说：我家有一个和我一胞所生的小九妹，模样、人品、学问也和我不相上下。梁兄如不嫌弃，请快快找人来我家提亲。"

梁山伯高兴得当场就答应了，两人拜了又拜，最后洒泪而别。

梁山伯回去后就忙着考试，考完后他就匆匆赶回家，请父母找媒人去提亲。当梁山伯跟着媒人来到祝英台家，见到的却是恢复女儿装的祝英台。

他恍然大悟，连忙问："愚兄按约而来，你……

没变卦吧？"祝英台的眼泪唰地流了下来："梁兄，太迟了！一个月前，我父母把我许配给马家了。"

梁山伯悔恨极了，一回家就病倒了，他相思太重，最后眼看就不行了。临死前，梁山伯拉着父母的手，说："孩儿死后，请二老把孩儿葬在祝家到马家的路上，让孩儿再看一眼英台。"

那天祝英台出嫁，一到梁山伯的墓旁，她就让花轿停下来，自己走出花轿。祝英台对着梁山伯的墓拜了三拜，猛听得"哗啦啦"一阵响，梁山伯的墓门裂开了一条大缝。祝英台趁势纵身一跳，人就进了墓穴。几个丫鬟赶紧去拽，只扯下几片衣角。

随后墓门一合，墓顶飞出两只巨大的五彩蝴蝶，翩翩飞向蓝天。人们都说，它们是梁山伯与祝英台变的。

孟姜女哭长城

相传在两千多年前，一户姓孟的人家和一户姓姜的人家是一墙之隔的好邻居。

有一年春天，孟家老伯伯在自家的菜园地里挖了一个小坑，种下一粒葫芦种子。这粒种子很特别，表面不但像珍珠般光滑，而且还有彩色的纹路，闻一闻还有一股清香呢！

这颗葫芦种子埋下后不久，绿色的芽儿就从地里钻了出来。不到一个月，藤蔓儿便沿着墙爬到隔壁姜家去了。

姜家的人看见这棵葫芦蔓儿爬到了自己院里，便小心地用细竹子搭了一个棚架，让它得到更多的阳光与雨露。

葫芦花儿开了，它引来蝴蝶围着跳舞。

葫芦花儿落了，一颗鲜嫩的小葫芦露出了小脑袋。

葫芦的小脑袋一天一天地大起来。

秋天到了，金黄的葫芦成熟了，两家人都很高兴，他们早就盼着把这只葫芦破成两个瓢，两家各一个，舀米、舀水都行。

两家挑了一个好日子，把葫芦从架子上轻手轻脚地摘下来。哟！这葫芦好沉好沉啊！

剖开一看：啊哈！一个白生生的女娃娃正朝着两家的老人笑呢！

这真是天大的稀奇事儿，全村都传开了。

面对这么可爱的女娃儿，孟家开口了："这葫芦是我家种的，女娃娃应归我家！"

"葫芦是在我们家院子里养大的，当然是我家的！"姜家说。

为了得到女娃儿，他们决定去打官司。

县官老爷还从来没有判过这样的怪案子。他问明了事由，最后判决：

"这葫芦里的女娃娃既不姓孟，也不姓姜。本官决定，这个女娃娃取姓孟姜，由两家轮流抚养，不得再争！"

真是皆大欢喜！从此，这个葫芦里长出的女娃娃便被大家唤作孟姜女。

孟姜女轮流在孟、姜两家生活，两家都把她当成亲生的心肝宝贝，因为有了她，两家人又像从前那样和气啦！

孟姜女十八岁时，长成了一个漂亮的大姑娘，就像下凡的仙女。女儿长大了总要嫁人呀，姜家和孟家都希望能找一个好女婿，让女儿过上幸福的日子。

孟老头天天挑能干的小伙子，姜老头日日选忠厚的年轻人。挑啊，选啊，他们最后选中了一个名叫范喜良的好后生。

谁也没有料到，成亲才三天，家里突然闯进两个官府的衙役，把范喜良连拖带拉地绑走了。

原来，秦始皇正在修万里长城，专门挑选年轻力壮的小伙子当民夫。因为工程太大，条件太差，每天都有许多人累死饿死，秦始皇就不断地派人抓民夫。范喜良便是被官府看中了，他哪能够逃得过去？

孟姜女恨死了秦始皇。她痛哭一场，发誓要一心一意地等待范喜良修好长城回来团圆。

日子一天天过去，丈夫的消息一点儿也得不到。她整天在新房里唉声叹气，觉也睡不好，饭也吃不香。一年过去了，仍没有丝毫音讯。

孟姜女对孟老头和姜老头说："我要亲自去找范喜良，找不到他，决不回家！"

他们理解孟姜女的心情，但又劝她：

"长城离家很远很远，修长城的人那么多，你去哪里找呀？何况你又是个女子……"

"长城就是在天边，山再陡，路再远，我也要找到！"

孟姜女寻找丈夫的决心很大，家里人只好送她上路了。

孟姜女踏上了很长很长、很苦很苦的旅程，披星戴月，风雨兼程。一天傍晚，她好不容易来到了离长城不远的一座山下，脚上磨出了血泡，饥饿难忍，腰也累得伸不直了，便坐在一块大石头上休息。石头被太阳晒了一天，滚烫滚烫的，她也顾不上了；周围的蚊子又一齐向她叮来。她心中有说不尽的苦楚，就伤心地哭了。

她身下坐的大青石听到了她的哭诉：

"范喜良啊范喜良，我只要看你一眼，死了也甘心！哪怕山再高，路再远，石头再烫，蚊虫再多，我也要见到你哟！"

大青石听了，立即凉了下来，让她休息。

蚊子听了，悄悄地全飞走了，让她安睡。

相传被孟姜女坐过的大青石，至今太阳一落山就立即凉下来，周围一个蚊子也没有。这块石头，千百年来被大家称为"孟姜女石"，是被孟姜女感动的石头啊！

可怜的孟姜女，就这样走了一村又一村，翻了一山又一山，过了一河又一河，终于来到了长城脚下。

"请问，你们认识范喜良吗？"孟姜女沿着曲曲折折的万里长城，向成千上万的民工一个一个地打听。

"不认识，不认识。""不认识，不认识。"……

她继续找呀找呀，只要是能找的地方全找遍了。后来她才知道，修长城的人死得太多了！范喜良也早已累死了，但不知埋在长城脚下的什么地方。

孟姜女听到这个消息，如五雷轰顶，只感到天旋地转，顿时昏死过去。等她再睁开双眼，便号啕大哭起来，撕心裂肺地喊着："喜良，我苦命的夫啊！老天啊，你怎么不长眼啊！"

她哭得天昏地暗，哭得电闪雷鸣，哭得大雨倾盆……

孟姜女的哭声感天动地。她哭到哪里，哪里的城墙便轰隆隆地坍倒下去，几十里、几百里的城墙就这样倒下去了。

这下可急坏了修建长城的总管老爷，这样下去，只怕自己的性命也难保了。正当他急得像热锅上的蚂蚁的时候，忽听一声喊："皇上驾到！"

秦始皇亲自来长城巡视，听工程总管报告，有一个名叫孟姜女的女子，到长城来寻夫，丈夫没寻到，竟哭倒了几百里长城。

秦始皇心想，世上竟有如此奇异的女子？便大喝

一声："把孟姜女带来！"

武士像猛虎一般把孟姜女带到秦始皇的面前："启禀皇上，她就是孟姜女！"

秦始皇抬眼一看，呀！好个相貌的女子！比我宫里的后妃都要漂亮嘛！他要孟姜女当后宫的娘娘。

孟姜女恨透了这个要修长城的秦始皇。现在，仇人就在面前，真恨不得咬他一口。但她又转念一想，我要是不答应，他决不会放过我，我何不捉弄他一番呢？于是，她说道："皇上，你要让我当娘娘，必须答应我三个条件。"

"别说是三个条件，就是三百个条件，我也办得到，快说！"

"这第一件，一定要把我丈夫的尸骨找到。"

"行！第二件呢？"

"这第二件，要为我丈夫举行国葬，满朝文武都要为我丈夫送葬。"

"行！快说第三件！"

"这第三件么……"孟姜女转脸看看秦始皇，继续说道，"我要你为他手举幡旗送葬！"

秦始皇一听这第三件，便皱起了眉。他万万没有料到这个小小的女子竟有这样大的口气。堂堂一国之君，怎能为一个普通老百姓送葬？可秦始皇一心想要得到孟姜女，只好答应了。

秦始皇一声令下，士兵们很快在长城脚下找到了范喜良的遗体。发丧那天，葬礼好不隆重。秦始皇举着长幡走在前面，满朝文武大臣穿了孝服跟在后面，孟姜女身着孝服守在灵车边。鼓乐齐鸣，幡旗飘展，大队人马向范家墓地走去。

送葬队伍途经渤海边，孟姜女突然跳下灵车，奔向山崖，面向大海，纵身跳下……

秦始皇气得直咬牙，却毫无办法，干脆命令把范喜良的棺材也扔进大海。

孟姜女和她的丈夫在大海里团聚了……

后来，人们为了纪念孟姜女，在山海关修了座"孟姜女庙"。如今，到山海关还能见到这座庙呢！

赵 州 桥 的 传 说

赵州有两座石桥，一座在城南，一座在城西。城南的大石桥，看上去像长虹架在河上，壮丽雄伟。民间传说，这座大石桥是鲁班修造的。

相传，鲁班和他的妹妹鲁姜周游天下，走到赵州，一条白茫茫的洨河拦住了去路。河边上推车的、担担的、卖葱的、卖蒜的、骑马赶考的、拉驴赶会的，闹闹嚷嚷，都争着过河进城。河里只有两只小船摆来摆去，半天也过不了几个人。鲁班看了，就问："你们怎么不在河上修座桥呢？"人们都说："这河宽，水又深，浪又急，谁敢修呀？打着灯笼，也找不着这样的能工巧匠！"鲁班听了，心里一动。他和妹妹鲁姜商量，要为来往的行人修两座桥。鲁班对妹妹说："咱先修大石桥后修小石桥吧！"鲁姜说："行！"鲁班说："修桥是苦差事，你可别怕吃苦啊！"鲁姜说：

"不怕！"鲁班说："不怕就好。你心又笨，手又拙，再怕吃苦就麻烦了。"这句话把鲁姜惹得不高兴了。她不服气地说："你甭一直嫌我心笨手拙，今儿个，咱俩分开修，你修大的，我修小的，和你赛一赛，看谁修得快，修得好。"鲁班说："好，赛吧！什么时候动工，什么时候修完？"鲁姜说："天黑出星星动工，鸡叫天明收工。"一言为定，兄妹分头准备。

鲁班不慌不忙地往西向山里走去了。鲁姜到了城西，就急急忙忙地开工动手了。她一边修一边想：一定要超过你。果然，三更没过，她就把小石桥修好了。随后，她悄悄地跑到城南，看看她哥哥修成什么样子了。来到城南一看，河上连个桥影儿也没有，鲁班也不在河边。她心想，哥哥这回输定了。可扭头一看，西边太行山上，一个人赶着一群绵羊，蹦蹦蹿蹿地往山下来了。等走近了一看，原来赶"羊"的正是她哥。赶的哪是羊群呀，赶来的分明是一块块雪花一样白、玉石一样光润的石头。这些石头来到河边，一眨眼的工夫就变成了加工好的各种石料，有正方形的桥基石、长方形的桥面石、月牙形的拱圈石，还有漂亮的栏板、美丽的望柱。凡桥上用的，应有尽有。鲁姜一看，心里一惊，这么好的石头造起桥来该有多结实呀！相比之下，自己造的那个不行，需要赶紧想法补救。重修来不及了，就在雕刻上下功夫盖过他吧！她悄悄地回到城西动起手来，在栏杆上刻了盘古开天、大禹治水，又刻了牛郎织女、丹凤朝阳。什么珍禽异兽、奇花异草，都刻得像真的一样。刻得鸟儿展翅能飞，刻得花儿香味扑鼻。她自己瞅着这精美的雕刻满意了，就又跑到城南去偷看鲁班。乍一看，呀！她不禁惊叫了一声——天上的长虹，怎么落到了河上？定神再仔细一瞅，原来哥哥把桥造好了，只差安好桥头上最后的一根望柱。她怕哥哥打赌赢了，就跟哥哥开了个玩笑。她闪身蹲在柳树后面，捏住嗓子伸着脖，"喔喔喔——"学了一声鸡叫。她这一叫，引得附近老百姓家里的鸡也都叫了起来。鲁班听见鸡叫，赶忙把最后一根望柱往桥上一安，桥也算修成了。这两座桥，一大一小，都很精美。鲁班的大石桥，气势雄伟，坚固耐用；鲁姜修的小石桥，精巧玲珑，秀丽喜人。

赵州一夜修起了两座桥，第二天就轰动了附近的州衙府县。人人看了，人人赞美。能工巧匠来这里学手艺，巧手姑娘来这里描花样。每天来参观的人，像流水一样。这件奇事很快就传到了蓬莱仙人张果老的耳朵里。张果老不信，他想鲁班哪有这么大的本领，便邀了柴王爷一块，要去看个究竟。张果老骑着一头小黑毛驴，柴王爷推着一个独轮小推车，两人来到赵州大石桥，恰巧遇见鲁班正在桥头上站着，望着过往的行人笑哩！张果老问鲁班："这桥是你修的吗？"鲁班说："是呀，有什么不好吗？"张果老指了指小黑驴和柴王爷的独轮小推车说："我们过桥，它经得住吗？"鲁班瞟了他俩一眼，说："大骡大马、金车银辇都过得去，你们这小驴、破车还过不去吗？"张果老一听，觉得他口气太大了，便施用法术，聚来了太阳和月亮，放在驴背上的褡裢里，左边装上太阳，右边装上月亮。柴王爷也施用法术，聚来五岳名山，装在了车上。两人微微一笑，推车赶驴上桥。刚一上桥，眼瞅着大桥一晃悠。鲁班急忙跳到桥下，举起右手托住了桥身，保住了大桥。两人过去了，张果老回头瞅了瞅大桥对柴王爷说："不怪人称赞，鲁班修的这桥真是天下无双。"柴王爷连连点头称是，并对着回到桥头来的鲁班伸出了大拇指。鲁班瞅着他俩的背影，心想："这俩人不简单啊！"现在，赵州石桥桥面上，还留着张果老的毛驴踩的蹄印和柴王爷推车轧的一道沟，到赵州石桥去的人，都可以看到。桥底面原来还留有鲁班托桥的一只大手印，现在看不清了。

木兰从军

南北朝时期，北方有个武艺高超的姑娘花木兰，她年轻漂亮，射得一手好箭。

一天，她正在放牧，忽见几个少年骑马扬鞭，弯弓搭箭，要去打猎。她便和他们比赛，结果她的猎物最多。回到家里，母亲责备她不该四处游荡，忘了放牧；父亲怒骂她不守闺训，但见她打了不少飞禽走兽，心中暗暗觉得惊讶。

木兰正夸口说自己射箭能百步穿杨，百发百中，正巧乡里的里长走进院来。木兰抽箭搭弦，冷不防"嗖"的一声，把里长头上的帽子射了下来。里长大吃一惊，木兰的父亲连忙赔罪道歉，并罚木兰织布三天，不许走出房门半步。

原来里长是来送文书的。说是大汗要和邻国开战，急需兵员，要征木兰父亲从军。

晚上，木兰父亲和老伴儿商量：自己年老多病，家里小儿才几岁，女儿又派不上用场，这可如何是好？夫妻俩愁得直叹气。隔墙的木兰听见了，也停下织机叹息不已。

木兰一夜未合眼，终于想出了一个好主意。第二天一大早，她偷偷溜出家门，上街买了一匹枣红马，又配上马鞍、马鞭和马笼头，还找人赶做了一件战袍。然后，木兰剪了头发，扎上头巾，穿上战袍，跨上枣红马，一下子变成了个棒小伙。

一切收拾停当，木兰骑着马一阵风似的赶回家，父母几乎认不出她了。她道明真相，父母也没有更好的办法，只得让她替父从军。一家人洒泪而别。

木兰告别家乡，随大军奔赴边疆。走啊走，大军来到了黄河旁。夜里，值勤的木兰听不见爹娘呼唤她回家的声音，只听见黄河的流水哗啦啦地响。

走啊走，大军停在了黑山下。这里已靠近敌人的阵地，备战的木兰没有时间想念家里的亲人，耳中只听见敌人的战马唊唊鸣叫。

多少次军情紧急，多少次关山飞渡，天寒地冻的北部边疆，月光冷冷地映着将士铠甲的清辉，连打更的锣声也透着十二分的寒气。

历经无数次战斗，聪明机智、英勇善战的木兰一次次立功，一次次被提升，最后做了左路大将军。

十二年过去了，大军胜利归来。皇上亲自召见木兰，赏了她许多金银财宝，又封她做兵部尚书。

木兰替父从军，为的是百姓和国家。她不要金银财宝，也不愿意做什么兵部尚书，她只要了一头能走远路的骆驼，骑着它回乡服侍双亲。

十二年过去了，父母已经白发苍苍。他们听到女儿归来的喜讯，相互搀扶着来到路口，迎接他们的宝贝女儿。当初年幼的小弟也已长大成人，在家里磨刀霍霍，准备杀猪宰羊，犒劳凯旋的姐姐。

木兰终于回来了，骑着骆驼，身边还有几个陪她回家的战友。木兰让爹娘在屋里招待同归的伙伴，自己跑到房里，脱下战袍，换上以前的青布衣衫，梳好如云的头发，又对着镜子贴上美丽的面饰，这才羞答答地走了出来。

伙伴们一见，大惊失色：啊，一起生活战斗了这么多年，还不知道木兰原来竟是一个漂亮的大姑娘！

桃园三结义

　　涿县城里有一条大街叫忠义庙街。相传，当年张飞就在这条街上卖肉。他把肉系在门前一口井里，用千斤重的石板盖上，井旁竖起一块牌子，上面写着："谁能举起这块石，割肉白吃。"

　　有一天，关羽赶着小毛驴驮绿豆走到张飞肉铺门口，见了那牌子上写的字，心想："好大的口气呀！"他上前用手轻轻地一掀，没费吹灰之力就掀起了千斤石，从井里拎出半只猪肉来搭在小毛驴背上，一声没吭，就赶着小毛驴赶集去了。张飞回来后，他老婆把这事一五一十地对他说了。他一听就火了，立刻追到集上，要找人家算账。

　　张飞是个粗中有细的人。他想自己有言在先，牌子上写得明白，这回和人家争执站不住理；又一想，这次要不声不响，以后他总来白吃肉那还得了啊！于是，他想了另外一个办法来报复。他来到关羽的粮食摊上问："你这绿豆干不干？"

关羽说："干！干得很！"

"我用手捻捻试试行吗？"

"行！"

张飞抓起一把绿豆来，用大拇指一捻，绿豆成面了。他又抓起一把绿豆来捻，绿豆又成面了。他捻了一把又一把，没过多久，把关羽的半口袋绿豆给捻碎了七八升。

关羽认得他是张飞，知道他是不服气，故意来找碴儿，就说："老乡！你要买绿豆，买回去再捻成面儿好不好？在这里你都给我捻成面，我还怎么卖！"

"你不是让捻吗？"

"谁让你都给捻了？"

两人说崩了，挽起袖子，拳打脚踢扭在一块。人们上前去拉，但谁也拉不开。

这时候，恰巧刘备赶集卖草鞋走到这里，他见两条大汉大打出手，却不见一个人敢上前去拉架，就想上去劝解。别人见他弱不禁风的样儿，劝他不要去。刘备不听，上去两手往两边一拨拉，就把他俩给分开了，一手支住一个。关羽、张飞两人干跺脚，谁也摸不着谁。这就是人们常说的"一龙分二虎"。

张飞和关羽经过一番厮打，互相都佩服对方的力气，又经过刘备从中调停，最后竟成了好朋友。

于是，三人在桃园拜盟结义。

结义完了，下来就是排行次了。一般的拜盟兄弟当然是按年龄排行次，可是，张飞年龄最小，他不同意这样排行次。他说："咱们排行理应比力气，谁力气大谁是大哥。"

关羽说："刘备一下把咱俩分开了，数他力气大，应该是大哥。咱俩不相上下，谁做老二老三都行，还比什么？"

张飞不吭声。刘备说："这样不行，就斗智吧！"

张飞连声说："好，好！"

刘备说："咱们比谁能把鸡毛扔到房顶上去。谁一扔就上去了，谁就是大哥。好不好？"

三人都同意了。

张飞性急，抓来一只鸡，拔下根鸡毛就使劲往房上扔，连扔几次都没扔上去。关羽也拔了根鸡毛使劲地往上扔，也没扔上去。轮到刘备了，他不紧不慢地拎起那只鸡，轻轻一抡就把整只鸡扔到房顶上去了。

张飞说："你扔鸡不算！"

刘备说："我确实把鸡毛扔上去了！"

张飞哼哼着，无言以对，只好认输。

刘备当了大哥，那么谁是老二谁是老三呢？刘备说："张飞扔的最早，扔的次数最多，可是都没成功，按道理应该排老三，关羽排老二。"

张飞无话可说，哈哈哈地笑着说："我认输，认输。"

抬着毛驴赶路

很久以前，有一家父子俩要出远门。家里没有车，只有一头毛驴，父子俩便赶着毛驴上路了。

当他们路过第一个村庄时，父亲骑在驴上，儿子牵着驴走。村子里的人议论说："瞧这爷儿俩，老子骑着驴，让儿子在地上走，真是个狠心的爹呀。"

父亲听见人们的议论低下了头。出村后，父亲下来牵着驴，让儿子骑在驴上。

当他们路过第二个村庄时，村里人看着他们又议论上了："瞧这爷儿俩，儿子骑在驴上，倒让父亲为他牵驴。这儿子真不知道孝顺老人。"儿子听了非常难受，出村后赶快下了驴，同父亲一起牵着驴走。

当他们走到第三个村庄时，村里人都嘲笑他们："这一对笨蛋，有驴不骑牵着走，真傻透了。"父子俩一想：对呀，驴是骑的，怎么能牵着走呢？出村后，父子俩商量了一下：既然一个人骑驴一个人步行受人指责，干脆咱们爷儿俩都骑上吧。于是父子俩都骑在驴上，把小毛驴累得满身是汗。

当他们路过第四个村庄时，村里人指责他们："你们真不懂得爱惜牲口，父子俩都骑在驴上，瞧那毛驴都快累塌了。"父子俩一想：也是呀，一头小毛驴怎么能驮得动两个人呢？出了村，他们都下来了，但他们不知该怎么办了：一个人骑不行，两个人骑不行，两个人不骑也不行，怎么办呢？想啊想啊，父亲开口了："咱们抬着毛驴走吧。"儿子一听，觉得是个好办法。父子俩把毛驴放倒，用绳子把毛驴的四条腿捆上，找了根小树干当扁担，一前一后抬了起来。

当他们路过第五个村庄时，村里的人都跑出来看他们，指着他们大声讥笑："这俩人真比驴还蠢，天底下没有比这更笨的人了。"父子俩低着头，一言不发地匆匆穿过村子。他们累得满身大汗，气喘吁吁，出了村不远，他们再也走不动了，"咕咚"一声，把驴扔在地上。这回父子俩真发愁了，一头驴骑着不行，牵着不行，抬着也不行。放了它吧，有点舍不得，宰了它吧，又下不了手。怎么办呢，父子俩实在想不出什么好办法了。

前边还有好几个村庄，父子俩和一头毛驴到底该怎么过去才不受人笑话或议论呢？这真把他俩难住了。

祝枝山写联骂财主

祝枝山是明代书画家。有一年除夕，一个姓钱的财主请祝枝山写春联。祝枝山想：这个钱财主平日搜刮乡里，欺压百姓，今日既然找上门来，何不借机奚落他一番？于是，他吩咐书童在钱财主的大门两旁贴好纸张，挥笔写下了这样一副对联：

明日逢春好不晦气
来年倒运少有余财

过往的人们看到这副对联，都这样念道：

明日逢春，好不晦气
来年倒运，少有余财

钱财主听了气急败坏，知道祝枝山是在故意辱骂他，于是到县衙告状，说祝枝山用对联辱骂良民，要求县令为他做主。另外，钱财主还暗中给县老爷送了些金银财物。当下，县令便派人传来祝枝山，质问道："祝先生，你为何用对联辱骂钱老板？"

祝枝山笑着回答说："大人，此言差矣！我是读书人，无权无势，岂敢用对联骂人？学生写的全是吉庆之词嘛！"于是，他拿出对联当场念给众人听：

　　明日逢春好，不晦气
　　来年倒运少，有余财

县令和财主听后，目瞪口呆，无言以对。好半天，县老爷才如梦初醒，呵斥钱财主道："只怪你才疏学浅，把如此绝妙吉庆之词当成辱骂之言，还不快给祝先生赔罪？"

钱财主无奈，只好连连道歉。祝枝山哈哈大笑，告别县令，扬长而去。

阿凡提和国王

（维吾尔族）

在严寒的冬天，一日，京城内敲锣打鼓，宫廷里的传令官向人们吆喝着："大家听着！国王陛下的圣旨传下来了——谁如果今晚上能赤着身子在城墙上坐一夜的话，那他就将得到国王的公主和一半江山……"

阿凡提听到这个消息，心想：我不妨试一下，捉弄捉弄这个想戏弄百姓的国王。于是，阿凡提走到宫里，对国王说："最尊贵的人，我愿意在城墙上过夜。"

国王听了阿凡提的话，很惊奇，便对手下人说："你们把他的衣服脱光，让他上去，他一定会冻死的。哼，愚蠢的家伙！"

阿凡提说："陛下，请你的仆人在城墙上放一块石头吧！"

国王说："傻瓜，你要石头干什么啊？"

阿凡提说："这是我的秘密，没有石头的话，我是不上去的。"国王答应了他的要求。

仆人们遵照国王的意思，脱去了阿凡提的衣服，让他爬到城墙顶上，同时送上去一块很大的石头。然后，仆人们便拿掉了梯子。他们想："天气这么冷，他一定会被冻死的！"

这一夜，天气特别寒冷，可阿凡提却有办法御寒。他并不在一个地方蹲着，而是把那块石头，一会儿推过去，一会儿滚过来。就这样，他度过了这个严寒的夜晚。

第二天早晨，当国王和他的大臣们来到城下的时候，只听阿凡提不停地喊道："哎呀，好热，真是热极了呀！"仆人们把衣服递给他，阿凡提穿上衣服走下城墙，对国王说："尊贵的陛下，我赤着身子度过了一个严寒的夜晚。你现在应该遵守诺言，把你的女儿和一半江山给我了。"

国王哪有这份真心呢？他不过想开开心，才想出了这个把戏。谁知，阿凡提却没有被冻死。国王被问得无话可答，半晌，才又狡猾地问道："喂！阿凡提，你晚上看见月亮了没有？"

阿凡提说："是的，我看见了月亮。"

国王把脸一变，厉声地吼道："唔，原来你违背了我的条件，是借着月亮的光取暖的。来人呀，给我把这个骗子赶出去！"就这样，阿凡提被赶走了。

　　阿凡提满腔怒火，觉得在城里再也待不下去了，便搬到荒野，在一口井的旁边住了下来。

　　在一个炎热的夏天，国王和他的大臣们整整在荒野打了一天猎，只觉口渴得要命。为了找到一口水，便在荒野里四处寻觅。这时，国王忽然发现了一户人家，便跑上前去，厉声喊道："喂，房主人在哪儿？快出来接待客人！"

　　阿凡提走出来说："公正的陛下，在我的家里，你需要什么，就尽管说吧。"

　　国王怒喝道："水！快要把我渴死了。"

　　阿凡提说："唔，要水啊，那我就去提来。"

　　阿凡提向井边走去，他没有打水，却把水桶上的绳子解下来，埋在沙土里，自己坐在井边。

　　半晌，国王等得着急了，就命他的随从去找阿凡提。很快，那人就回来了，对国王说："国王陛下，阿凡提说：'你们这群傻瓜，自己到井边来。'你听这算什么话呀！"

　　国王怒骂了一句："混蛋！"只好带着随从一起奔井边而来。国王一见阿凡提，便怒气冲冲地说："蠢货，你给我打的水在哪儿？"

这时，阿凡提不慌不忙地用手指着井口道："聪明的陛下，你往井里看。"

国王不解地看了看井里的水，大吼道："傻瓜，水的闪光怎么能使我解渴呢？"

阿凡提看着他那副凶狠、愚蠢的样儿，不觉失笑道："唉，陛下，在寒冷的晚上，月亮的光既然能让我暖和，那为什么水的闪光，就不能使你解渴呢？"国王被问得目瞪口呆，一句话也说不出来。

包公巧审青石板

宋朝时候，有一户穷人家，只有母子二人相依为命，过着很艰难的日子。谁知母亲突然病了，儿子非常着急，希望能把妈妈的病治好。

有一个好心人给小孩儿找到一个卖油条的活儿。第二天，小孩儿便提着篮子，沿着大街小巷叫卖：

"卖油条嘞！又脆又香的热油条卖喽！"

因为大家都知道这孩子家里有个生病的妈妈，就都来买他的油条。半天下来，虽然嗓子喊哑了，腿也跑酸了，但油条也卖光了。

小孩儿好高兴，便找到一块大石头，坐在上面数起钱来。那油乎乎的小手，把一枚枚铜钱翻来覆去地数了两遍：一共一百个铜钱。

他盘算着，今天赚下的钱，先给妈妈买药治病；明天赚下的钱，就给妈妈买点心；后天赚下的钱，再给妈妈买点儿肉；再后天……他越想越高兴。

跑了一个上午，他累坏了，不知不觉地把头一歪，便在大石头上睡着了。

一阵凉风吹过，卖油条的小孩儿醒了。他睁眼一看，一百个铜钱连一个子儿都没剩，全不见了。他急得大声地哭叫起来。

这时，包公刚好骑马经过。他看见一个小孩儿在哭，便关心地问：

"孩子，你为什么哭？有什么委屈吗？"

小孩儿抬头一看，见是一个黑脸大官在和自己说话，便想起妈妈说过，有一个专替老百姓申冤的包公，是个大黑脸，便"扑通"一声跪在包公面前，哭得更伤心了。

"包大人，我卖油条的一百个铜钱放在篮子里全不见了，呜呜呜……"

包公问清了来龙去脉，得知小孩儿正急等着这钱为母亲治病，便安慰这孩子："你只管放心，我一定把小偷抓到！"

包公下得马来，在青石板周围转了一圈，然后，又站在竹篮旁边沉思，再看看孩子的手，说一声："有了！"

突然，包公指着青石板大声喝问："青石板，青石板，小孩儿的一百个铜钱是不是你偷的？从实招来！"

小孩儿觉得莫名其妙：青石板没手，怎么偷呢？

很多人也围过来，看看包公怎样审青石板。

停了片刻，包公抬高了声调："你这个青石板，必须快快交代你干的坏事，哼，你休想逃过我的眼睛！"

青石板当然还在原地，毫无动静。

包公一脚踏在青石板上，又厉声说道："你这大胆的青石板，再不如实招来，我就要动刑了！"包公这么一说，他手下的人有的已经把棍子举起，有的把绳子抓在手中，好像准备要把青石板捆起来，狠狠地打它一顿。

"哈哈哈！"看热闹的人觉得十分可笑。

"青石板怎么能说话？这真是在开玩笑！"

"都说包公英明，我看他是一时糊涂了！"

"是谁在乱说话？"包公大喝一声，立即转过身来大声斥责道，"我在审问石头，与你们何干？这里是审判的公堂，理应肃静，你们在此信口胡言，扰乱公堂。现在，所有在场的人都得受罚！来人！"

"在！"包公手下人齐声回应。

"在场每人都痛打四十大板！"大家看到包公发威，都吓得不知如何是好，纷纷下跪求饶。

"如若怕受皮肉之苦，每人罚交铜钱一枚。"

包公说罢便命左右端来一盆清水，放在石头前面；下令所有的人排队，依次向盆中投钱。

"啪，啪，啪"，一枚枚铜钱投入水中，溅起一个个小水花。数十人将铜钱投入水中，包公无言；直到有一人，钱刚入水，包公便大喝一声：

"此人就是偷钱贼，给我拿下了！"

这人"扑通"跪下，连连向包公磕起头来："请包大人饶命！小民下次不敢，下次不敢了。"

说着，连忙从身上又掏出九十九个铜钱放到青石板上。

卖油条的小孩儿看到小偷被抓到，十分开心；围观的人却都大眼瞪小眼，不知是什么道理。

包公看着众人惊疑的眼神，便笑着说道："各位父老，你们看。这水面上漂了一层油花，是此人投下铜钱时才出现的。沾油的钱正是卖油条小孩儿的铜钱哪！"

听包公这么一说，大家都恍然大悟——原来如此！再看青石板上的那些铜钱，还真的枚枚都油乎乎的呢！

小孩儿对包公感激不尽，围观的百姓都更加佩服包公的神妙和机智了。

东坡肉

　　苏东坡在杭州做刺史的时候，治理了西湖，替老百姓做了一件好事。

　　西湖治理后，四周的田地就不怕涝也不怕旱了。这一年又风调雨顺，杭州四乡的庄稼喜获丰收。老百姓为了感谢苏东坡治理西湖，到过年的时候，就抬猪担酒地去给他拜年。

　　苏东坡收下很多猪肉，叫人把它们切成方块，烧得红红的，然后再按治理西湖的民工花名册，将肉分送给他们过年，每家一块。

　　太平的年头，家家户户过得很快乐，这时候又见苏东坡差人送肉来，大家更高兴，老的笑，小的跳，人人都夸苏东坡是个贤明的父母官，把他送来的猪肉叫作"东坡肉"。

　　那时，杭州有家大菜馆，菜馆老板听说"东坡肉"

很有名，于是就和厨师商量，也把猪肉切成方块，烧得红酥酥的，挂出牌子，取名为"东坡肉"。

这道新菜一出，那家菜馆的生意兴隆极了，从早到晚顾客不断，每天杀十头大猪还不够卖呢。别的菜馆老板看得眼红，也学着做起来，一时间，不论大小菜馆，家家都有"东坡肉"。后来，大家一致认同，把"东坡肉"定为杭州的第一名菜。

苏东坡为人正直，不畏权势，朝廷中的那帮奸臣本来就很恨他，这时见他又得到老百姓的爱戴，心里更不舒服。他们当中有一个御史乔装打扮，到杭州来找碴儿，存心要陷害苏东坡。

那御史到杭州的头一天，在一家饭馆里吃午饭。堂倌递上菜单，请他点菜。他接到菜单一看，第一样就是"东坡肉"！他皱起眉头，想了想，忽然高兴地拍着桌子大叫："我就要这第一道菜！"

他吃过"东坡肉"，觉得味道还真是不错，向堂倌一打听，知道"东坡肉"是杭州人公认的第一名菜。于是，他就把杭州所有菜馆的菜单都收集起来，兴冲冲地回京去了。

御史回到京城，马上就去见皇帝。他说："皇上呀，苏东坡在杭州做刺史，贪赃枉法，把恶事都做绝啦，老百姓恨不得要吃他的肉！"

皇帝说："你是怎么知道的？可有什么证据吗？"

　　御史就把那一大沓油腻的菜单呈了上去。皇帝
本来就是个糊涂虫，他一看菜单，就不分青红皂白，
立刻传下圣旨，将苏东坡撤职，远远发配到海南去
充军。

　　苏东坡被解职充军后，杭州的老百姓忘不了他的
好处，仍然像过去一样赞扬他。就这样，"东坡肉"
也一代一代地传下来，直到今天，还是杭州的一道
名菜。

清明·寒食的由来

　　清明，既是节气，又是节日，在周代就已经流行了。自古以来，人们在清明节留下了很多习俗。

　　清明以前禁火的习俗，始于春秋时期。晋献公的妃子骊姬为了让自己的儿子奚齐继位，就设毒计害太子申生，申生被逼自杀。申生的弟弟重耳，为了躲避祸害，流亡出走。在流亡期间，重耳到过齐、宋、郑、秦等很多国家，受尽了屈辱。原来跟着他一道出奔的臣子，大多陆陆续续地各寻出路去了，只剩下少数几个忠心耿耿的人一直追随着他，其中一人叫介子推。有一次，重耳饿晕了过去。介子推为了救重耳，从自己腿上割下了一块肉，用火烤熟了送给重耳吃。

　　十九年后，重耳回国做了国君。他就是著名的"春秋五霸"之一的晋文公。重耳执政后，对那些和他同甘共苦的臣子大加封赏，唯独忘了介子推。有人在晋文公面前为介子推叫屈。晋文公猛然忆起旧事，心中有愧，马上差人去请介子推上朝受赏封官。可是，差人去了几趟，介子推一直不来。晋文公只好亲自去请。可是，当晋文公来到介子推家门前时，只见大门紧闭。原来介子推不愿见他，已经背着老母躲进了绵山（今山西，介休市东南）。晋文公便让他的御林军上绵山搜索，没有找到。于是，有人出了个主意说，不如放火烧山，三面点火，大火起时，介子推会自己走出来的。于是，晋文公下令举火烧山。孰料大火烧了三天三夜，直到熄灭后，也不见介子推出现。上山一看，介子推母子俩抱着一棵烧焦的大柳树，已经死了。晋文公望着介子推的尸体哭拜了一阵，忽然发现介子推的后背堵着个柳树洞，洞里好像有什么东西。掏出一看，原来是片衣襟，上面题了一首血诗：

割肉奉君尽丹心，但愿主公常清明。
柳下做鬼终不见，强似伴君作谏臣。
倘若主公心有我，忆我之时常自省。
臣在九泉心无愧，勤政清明复清明。

重耳将血书藏入袖中，然后把介子推和他的母亲分别安葬在那棵烧焦的大柳树下。为了纪念介子推，晋文公下令把绵山改为"介山"，在山上建立祠堂，并把放火烧山的这一天定为寒食节，晓谕全国，每年这天禁用烟火，只吃寒食。重耳伐了一段烧焦的柳木，做了双木屐，每天望着它叹道："悲哉足下。""足下"是古人下级对上级或同辈之间尊敬的称呼，据说就是来源于此。

第二年，晋文公重耳领着群臣，穿着素服，徒步登上介山祭奠介子推，表示哀悼。行至坟前，只见那棵老柳树死而复活，绿枝千条，随风飘舞。重耳望着复活的老柳树，像看见了介子推一样。他走到柳树跟前，掐了一条柳枝，编了一个圈儿戴在头上。祭扫后，重耳把复活的老柳树赐名为"清明柳"，又把这天定为清明节。

从此以后，晋文公重耳常把血书带在身边，作为鞭策自己执政的座右铭。他勤政清明，励精图治，把国家治理得很好。

后来，寒食、清明成了全国性的节日。每逢寒食，人们不生火做饭，只吃冷食。在北方，老百姓只吃事先做好的冷食，如枣饼、麦糕等；在南方，则多为青团和糯米糖藕。每到清明，人们把柳条编成圈儿戴在头上，把柳条枝插在房前屋后，以示对介子推的怀念。

端 午 节 的 由 来

农历五月初五，是中国民间的传统节日——端午节，这是中华民族的传统节日之一。这个节日的由来与战国时期的伟大诗人屈原有关。

大约公元前340年，屈原出生在楚国的贵族家庭。他年轻时就有出色的才干，很受楚怀王器重。然而，屈原实行政治改革的主张遭到以上官大夫靳尚为首的守旧派的反对。靳尚不断地在楚怀王面前诋毁屈原。楚怀王听信了靳尚的谗言，渐渐疏远了屈原。

公元前299年，秦国攻占了楚国八座城池，接着秦王又派使臣请楚怀王去秦国议和。屈原看破了秦王的阴谋，冒死进宫陈述利害。楚怀王不但不听，反而将屈原逐出郢都，削职流放。屈原在流放途中走遍了现在的湖南、湖北的许多地方，写下了许多

充满爱国忧民感情的作品，包括《离骚》《天问》等不朽诗篇。楚怀王如期赴会，一到秦国就被囚禁起来。他悔恨交加，忧郁成疾，三年后客死秦国。公元前278年，秦王又派兵攻打楚国。楚顷襄王仓皇撤离京城，秦兵攻占郢都。屈原在流放途中，接连听到楚怀王客死和郢都攻破的噩耗，悲愤绝望，仰天长叹一声，抱起一块石头，纵身跳入汨罗江自尽了。

江上的渔夫和岸上的百姓，听说屈原投江自尽，都纷纷来到江上，奋力打捞屈原的尸体。人们拿来了粽子、鸡蛋投入江中，有些郎中还把雄黄酒倒入江中，想要药昏蛟龙水兽，使屈原的尸体免遭伤害。

从此，每年的农历五月初五——屈原投江殉难日，楚地人民都要到江上划龙舟、投粽子，以此来纪念这位伟大的爱国诗人。端午节的风俗就这样流传下来了。

重阳节的由来

东汉时，汝南县里有一个叫桓景的农村小伙子，父母双全，妻子儿女一大家子人。虽然不算富有，但日子也算过得去。谁知不幸的事儿来了，汝河两岸闹起了瘟疫，家家户户都有人病倒，尸首遍地没人埋，桓景的父母也都病死了。

桓景小时候听大人们说汝河里住有一个瘟魔，每年都要出来到人间走走。它走到哪里，就把瘟疫带到哪里。桓景决心访师求友，学本领，战瘟魔，为民除害。他听说东南山中住着一个名叫费长房的神仙，就收拾行装，启程进山拜师学艺。

费长房给了桓景一把降妖青龙剑。桓景早起晚睡，不知疲倦，不分昼夜地练剑。转眼一年过去了，一天，桓景正在练剑，费长房走到他跟前说："今年九月九，汝河瘟魔又要出来。你赶紧回乡为民除害。

我给你茱萸叶子一包、菊花酒一瓶，让你家乡父老登高避祸。"费长房说罢，用手一指，一只仙鹤展翅飞来，落在桓景面前。桓景跨上仙鹤向汝南飞去。

桓景回到家乡，召集乡亲，把神仙费长房的话给大伙儿说了。九月九那天，他领着妻子儿女、父老乡亲登上了附近的一座山，给每人分了一片茱萸叶子，说这样随身带上，瘟魔不敢近身；又把菊花酒倒出来，每人酌了一口，说喝了菊花酒，不染瘟疫之疾。他把乡亲们安排好，就带着他的降妖青龙剑回到家里，独坐屋内，单等瘟魔的到来。

过了许久，忽听汝河怒吼，怪风骤起。瘟魔出水走上岸来，穿过村庄，走千家串万户，也不见一个人。忽然，它抬头见人们都在高高的山上欢聚。它窜到山下，只觉得酒气刺鼻，茱萸冲肺，不敢近前登山，它就又回身向村里走去。只见一个人正在屋中端坐，就吼叫一声向这人扑去，这人正是恒景。桓景一见瘟魔扑来，急忙舞剑迎战。

斗了几个回合，瘟魔战不过桓景，拔腿就跑。桓景"嗖"的一声把降妖青龙剑抛出。只见宝剑闪着寒光向瘟魔追去，锥心透肺地把瘟魔扎倒在地。

此后，汝河两岸的百姓，再也不会受瘟魔的侵害了。人们把九月九登高避祸、桓景剑刺瘟魔的事，父传子，子传孙，一代一代一直传到现在。从那时起，人们就过起重阳节来，有了重九登高的习俗。

火把节的传说

（彝族）

每年农历六月二十四，是彝族人民的传统节日——火把节。

当夜幕降临，从石林到叠水，从圭山到长湖，数不清的火把映红了夜空，映红了人们的笑脸，激情的歌声与雄浑的大三弦声交织在一起，一座座山寨沉浸在节日的欢乐之中……

关于"火把节"，流传着这样一个神奇动人的传说。

古时候，在一座高高的山上，有个城堡，城堡里住着一个土司。他生就一双老鼠眼、一对扫帚眉和一张鲢鱼嘴，一张干瘦的脸上布满了麻子，配上那尖凸的下巴，人们给他起了个绰号——"黑煞神"。这"黑煞神"无恶不作，手下养着一大帮家丁、打手，残暴地统治和压榨着当地的彝族百姓。他巧立名目，横征暴敛，生孩子要向他交人丁税，上山打猎要交撵山租，下河捕鱼要交打鱼捐……各种苛捐杂税，逼得人民实在喘不过气来。为了反抗这个"黑煞神"的残酷统治，人们曾多次举行起义，但土司坚固的城堡难以攻下，许多人被抓住打死了。

有个聪明能干的牧羊人扎卡，想出了一个智取土司城堡的办法。他暗中联系了九十九寨的贫苦百姓，决定从六月十七起，将各家各户的羊都关在厩里，每天只喂点水，不喂草料，饿上七天七夜。起义的人就在夜里赶造梭镖，削好竹签，磨好砍刀、斧子，又在每只山羊角上缚上火把。大家约定在六月二十四晚上起义。到了这天晚上，当月亮还没有露面、树林里的微风轻轻地吹起的时候，只听得一声牛角号长鸣，各路起义人马将羊厩门打开，点燃缚在羊角上的火把，驱赶羊群向"黑煞神"的城堡进发。

饥饿的羊群借着火光，争先恐后地上山抢吃树叶、青草。扎卡率领起义的人民，勇猛地向城堡冲杀过去，鼓声和喊杀声震天动地。"黑煞神"急忙登上城堡一看，只见满山遍野成了一片火海，从四面八方包围了城堡的人们，已经开始攻打城门了。"黑煞神"命令家丁、打手死守城门，自己却悄悄地钻

进地洞藏身。很快，各路起义军攻破城堡，蜂拥而入。人们找遍各处，可就是不见"黑煞神"。后来，扎卡将"黑煞神"的大管家抓来审问。怕死的大管家跪在地上磕头哀求饶命，并带领扎卡一行来到土司躲藏的那个地洞口。

扎卡让大管家下洞去叫"黑煞神"出来投降。这个平时狐假虎威的大管家竟吓得魂飞魄散，一下子瘫倒在地，爬不起来。众人正在张望，突然，从地洞里飞出一把匕首。扎卡眼明手快，挥起砍刀，将匕首击落。

扎卡和众人见"黑煞神"死活不肯出来，便决定用火烧死他。于是，一声令下，上千支火把立即在地洞的周围堆成一座小山，只见熊熊的烈火燃烧得更旺，片刻间，地皮也被烧得通红通红的，那作恶多端的土司"黑煞神"就这样葬身在火海之中。为了纪念这次反抗暴虐统治斗争的胜利，彝族百姓就定农历六月二十四这天为"火把节"。

阿诗玛
（彝族）

　　在古代，云南的彝族有个支系叫撒尼人，撒尼人里有个农家女名叫阿诗玛。传说她刚生下来时，脸像月亮白，身子像鸡蛋白，手像萝卜白，脚像白菜白。长大以后，阿诗玛便成为一个美丽聪明而又勤劳能干的姑娘。千万个撒尼姑娘，她是最好的一个。

　　对这样一位好姑娘，撒尼人小伙子谁不喜欢？财主热布巴拉的儿子也垂涎于阿诗玛的美貌。于是，热布巴拉便派媒人海热到阿诗玛家给儿子说媒，但遭到阿诗玛的严词拒绝。她说："清水不愿和浑水在一起，我决不嫁给热布巴拉家！不嫁就是不嫁，九十九个不嫁！"热布巴拉恼羞成怒，便率领恶奴将阿诗玛抢回家。

　　阿诗玛的哥哥阿黑紧追不舍，一直追到热布巴拉家，他要向热布巴拉讨回妹妹。但凶狠的热布巴拉父子却提出与他斗智、比武，如果他能取胜，就会放还阿诗玛。

在与热布巴拉父子比武时，阿黑战胜了他们；和他们斗智，阿黑也取得了胜利。热布巴拉要阿黑去寻找丢失的三粒小米。阿黑跑到树脚下，弓满、箭直、射得快，一箭将斑鸠射落下地，斑鸠嗓子里吐出三颗细米来。经过与热布巴拉的斗智斗勇，阿黑终于将妹妹阿诗玛从热布巴拉家救了出来。

热布巴拉贼心不死。他带领恶奴，趁阿黑、阿诗玛兄妹渡河时，从河水上游掘开堤坝，洪水奔腾而下，冲向阿诗玛。这时，应山上的仙女把阿诗玛救上山顶。可惜，最后阿诗玛还是被崖神害死了，她的身体化作身穿美丽衣裳、背着竹篮、向远方眺望的一座奇峰，这就是我们今天所看到的"阿诗玛"奇峰。她的声音则化为石林中的回声，仿佛在说："日灭我不灭，云散我不歇。我的灵魂永不散，我的声音永不灭。"

灯花
（苗族）

从前，有一个单身汉名叫都林。他在陡山坡上开梯田种稻谷。太阳热乎乎地射在他的身上，黄豆大的汗珠从他身上一颗颗地滚下地来，再从地上滚到一个石窝窝里。

不久，石窝窝里长出一株百合花，柔软软的梗子，绿油油的叶子，花瓣如白玉一样。在红太阳下，光芒闪闪。一阵清风吹来，百合花摇摇摆摆地发出"伊伊呀呀"的歌声。

都林靠着锄头，呆呆地望着："咦！石头上长百合花，百合花会唱歌，真奇了！"

都林天天上山挖地，百合花天天在石窝上唱歌，都林挖得越起劲，百合花唱得越好听。

有一天早上，都林又到山上挖地，看见百合花被野兽碰倒了，他急忙扶起来，说："百合花呀！这山上野猪多，我带你回家去吧。"

都林用双手把百合花捧回家，种在春米的石臼里，放在房里窗子下面。

白天，都林到山上种地。晚上，他在房里茶油灯下编竹箩筐。他鼻子闻着百合花香，耳朵听着百合花咿咿呀呀的歌声，脸上挂着笑容。

在一个中秋节的晚上，窗外的月光明亮亮，窗里的灯光红堂堂，都林在灯光下编竹箩筐。突然，灯蕊开了一朵大红花，红花里面有个穿白衣裙的美丽姑娘在唱歌，声音嘹亮：

> 百合花开的呀芬芬香，
> 灯花开的呀红堂堂。
> 后生家深夜赶工呀，
> 灯花里来了个白姑娘。

灯花忽地闪耀一下，姑娘从灯花里跳了下来，笑眯眯地站在都林身边。窗下百合花不见了。

此后，白天，夫妻二人欢欢喜喜地上山种梯田；晚上，夫妻二人欢欢喜喜地在灯光下，一个编竹箩筐，一个绣花。

每逢圩日，都林将粮食、竹箩、绣花手帕送到圩

上去卖，然后买回许多东西。两人的日子过得像蜜
一样甜。

两年以后，都林的茅房变成了砖瓦大屋，粮仓满
满腾腾地堆在仓里，牛羊一大群关在栏里。这时都
林满足起来了。他不肯耕种梯田了，他不肯编竹箩
筐了，他衔起烟杆，拿起鸟笼，东寨逛逛西寨蹓蹓。

姑娘叫都林拿粮食和绣花手帕到圩上去卖，叫他
买锄头、镰刀和丝线，可是他却买鸡买肉买酒回来
大吃大喝。

姑娘要和他去山上挖地，他推说脚痛；姑娘要和
他在灯下做工，他推说眼疼。

姑娘劝说："我们的生活不够好呀！我们还要下
劲干啊！"

都林翻着一双白眼，鼻子哼了一声，衔着烟杆，
拿着鸟笼到别个寨子玩去了。

一天晚上，姑娘一个人在灯下绣花。忽然，灯芯
开了一朵大大的红花，一只五彩孔雀在灯花里，展
开美丽的尾巴唱起来：

> 百合花开的呀芬芬香，
> 灯花开的呀红堂堂。
> 后生家呀成了懒家伙，
> 姑娘随我呀到天上。

灯花忽地一闪，孔雀从灯花里跳出，钻到姑娘的胯下，飞了起来，带着姑娘扑扑扑从窗口飞出去。

都林忙从床上爬起来，追到窗口，只拉得了一根孔雀尾巴毛，眼巴巴地看着孔雀背起姑娘飞进月亮里去了。

都林没有姑娘劝导，更加懒惰了。他大吃大喝，吃饱喝足后就衔起烟杆，拿起鸟笼，各处溜达。

都林把粮食卖光了，牛羊卖光了，衣服卖光了，又准备把床上仅有的一张席子卖去。他揭开席子，看见下面摆着两幅绣花。一幅上面绣着都林和姑娘白天在梯田里笑眯眯地收获稻谷；稻谷满山满岭，像黄金一样发出闪闪的金光。又一幅上面绣着都林和姑娘晚上在灯下，笑眯眯的，一个编竹箩筐，一个绣花；仓里堆满了粮食，栏里关满了牛羊。

都林眼睛看着看着，心里想着想着，忽然眼泪像泉水一样涌了出来，滴在绣花手帕上。他用手捶敲自己的脑壳，说：

"都林，都林，你自讨苦吃呀！"

他转过身来，咬着牙，抓住烟杆，用力折断，撂进灶里。他把鸟笼打开，让画眉鸟飞出去，再用脚踏碎鸟笼，又撂进灶里。

他即刻扛起锄头上山挖起地来。

从此以后，都林白天在梯田里耕种，晚上在灯光下编竹箩筐，没日没夜地干着。

有一天，都林在窗下拾得一根孔雀羽毛，顺手丢在窗下舂米的石臼里。他望着石臼，想起百合花，想起美丽姑娘，眼泪又扑嗒扑嗒落在石臼里。

不久，石臼里的孔雀羽毛不见了，却长出一株香喷喷的百合花来，发出咿咿呀呀的歌声。

在一个中秋节的晚上，窗外的月光明亮亮，窗里的灯光红堂堂。都林正在灯光下编竹箩筐，突然，灯芯开了一朵大红花，红花里面美丽姑娘穿着白衣裙在唱歌：

> 百合花开的呀芬芬香，
> 灯花开的呀红堂堂。
> 后生家没日没夜地做工呀，
> 灯花里跳出来白姑娘。

灯花闪耀一下，姑娘从灯花里跳下来，笑眯眯地站在都林身边。窗下的百合花不见了。

从此以后，夫妻二人，白天上山种梯田，晚上在灯下编竹箩筐、绣花。生活过得比花还要香，比蜜还要甜。

幸福鸟的故事
（藏族）

从前，在西藏有一个没有太阳、没有树木也没有河流的地方，千百年来，人们都过着苦日子，幸福从来没光顾过这里。

听说，幸福的化身是一只非常美丽的鸟儿，它飞到哪里，就能给哪里带去幸福。这个地方的人们每年都去找幸福鸟，听说它住在离这里很远的雪山顶上。可是去的人一个也没有回来，他们都被雪山脚下的三个长胡子妖怪害死了，那三个妖怪想要人命，只要吹吹胡子就行了。

幸福鸟的故事传到了一个男孩子的耳朵里，他叫作汪嘉，听老人们说起幸福的美好，跟自己家乡的苦难生活差别太大了，汪嘉就下定决心要去把幸福鸟带回家乡。

汪嘉带上仅有的干粮出发了，他跋涉了很多天，远远地看到一座雪山高耸入云，这是不是老人们说的幸福鸟住的雪山呢？汪嘉想起了三个长胡子妖怪的故事，于是小心翼翼地走到了山脚下。还没等他多走几步，一个黑胡子妖怪就出现了，说话的声音好像乌鸦叫一般："你是谁？到我这里来干什么？"

"我叫汪嘉，我来找幸福鸟！"

黑胡子妖怪听了差点把眼泪笑出来："就凭你这丁点儿大的孩子，就想来找幸福鸟？你敢在乱石滩上走三十三里路吗？我保准你没命了！"说完，他呼呼地吹起了胡子，汪嘉前面宽阔平坦的大路，一下子变成了可怕的乱石滩，这里的每块石头都像刀子一样尖利。

但是汪嘉很勇敢，他一心想着为家乡人造福，要找到幸福鸟，他可是什么都不怕的。就这样，汪嘉勇敢地踏上了乱石滩，才走了一里路，尖石头就划破了他的鞋子，再走一里，石头刺破了他的脚板。很快，乱石滩上就留下了一串血迹。汪嘉咬紧牙关往前走，等到两脚鲜血淋漓，实在无法走路了，他就趴到乱石滩上，手脚并用地朝前爬，划破了手心，磨破了膝盖，终于走完了三十三里乱石滩。耀武扬威的黑胡子消失了。

还没等汪嘉高兴一下，黄胡子妖怪又出现了。这个妖怪吹了吹胡子，汪嘉面前出现了一望无际的大沙漠，没有水，也没有食物。"不过是个乳臭未干的小子，也想找幸福鸟？趁早放弃吧，你是无法走过这片沙漠的！"黄胡子威胁道。

汪嘉忍着手脚上的伤痛，摇了摇头，勇敢的他一滴眼泪也没落下来，就走进了沙漠。

很快，他就饿得两眼发黑，头昏脑涨，浑身一点力气也没有，眼看就要倒下了，可是一想到幸福鸟能给家乡带来幸福，他的力气就又回来了，继续往前走，一步一步地，沙漠就这样被他甩在了身后。

汪嘉累得筋疲力尽，双腿发软，可是连坐下的时间都没有，就看到了一个白胡子妖怪。

白胡子妖怪问："一个小娃子，来这里干什么？"

"我要找到幸福鸟！"

白胡子妖怪狂笑起来，连山都跟着抖。他吹了吹胡子，汪嘉的眼珠被吹了出来，他变成了瞎子，除了黑暗，他什么也看不见。但就算这样，也无法阻止汪嘉的念头，他跪下来，用手摸着地一点一点地往前爬。最终，他爬上了那座大雪山，幸福鸟就站在雪山顶上。见到这个浑身是伤的孩子，幸福鸟问："孩子，你上雪山来找谁呀？"

汪嘉看不到跟他说话的是谁，就朝着声音传来的方向说："我找幸福鸟！我要带着幸福鸟回到我的家乡去，给那里带来幸福。"

幸福鸟听了，扇着翅膀朝他飞过来，拍了拍汪嘉，他身上的伤口立刻就愈合了。幸福鸟又用嘴吹了吹汪嘉的眼窝，他的眼珠又回来了。

汪嘉睁开眼睛，看见幸福鸟就站在自己的面前，高兴得不得了。"来吧，坐到我的背上，我来带你回家。"幸福鸟示意汪嘉坐上去。

汪嘉抓住幸福鸟漂亮的羽毛，幸福鸟飞上了天，带着汪嘉一直飞到西藏，飞到了他的家乡。那里一片黑暗，什么也看不见。

幸福鸟叫道："太阳，快快升起来！"刚说完，太阳就从天边蹦出来了。

再一看，这里的土地干枯得都是裂痕，幸福鸟又叫道："大河，小河，快快流过来！"只见大大小小的河流涌过来了。

有了太阳，有了河流，可是满目望去仍是一片荒芜。幸福鸟第三次叫道："树木花草，快快长出来！"

不一会儿，树木就长满了山坡，鲜花遍地开放。汪嘉的乡亲们惊讶地看着这里变成了如此美丽的地方，都欢呼起来，幸福鸟真的给大家带来了幸福！

幸福鸟却摇了摇头，对人们说："是你们自己找到了幸福。"

汪嘉和乡亲们从此幸福地生活着，而这个故事也一直流传了下来。

马头琴的故事
（蒙古族）

　　传说，马头琴最早是由察哈尔草原一个叫苏和的小牧童做成的。苏和由奶奶抚养大的，婆孙俩靠着二十多只羊过活。苏和每天出去放羊，早晚帮助奶奶做饭。十七岁的苏和已经长得完全像个大人了。他有着非凡的歌唱天分，邻近的牧民都很愿意听他歌唱。

　　一天，太阳已经落山了，天越来越黑。可是苏和还没有回来。就在人们开始担心的时候，苏和抱着一个毛茸茸的小东西走进蒙古包来。人们一看，原来是匹刚出生的小马驹。苏和看着大伙惊异的目光，对大家说："在我回来的道上，碰上了这个小家伙，躺在地上没法动弹。我一看没人收拾它，怕它到了黑夜被狼吃了，就把它抱回来啦。"

日子一天一天过去，小白马在苏和的精心照顾下长大了。它一身雪白的毛，又美丽又健壮，人见人爱，苏和更是爱得不得了。

　　一天夜里，苏和从睡梦中被急促的马嘶声惊醒。他想起小白马，便急忙爬起来。出门一看，只见一只大灰狼被小白马挡在羊圈外面。苏和赶走了大灰狼，一看小白马浑身汗淋淋的，知道大灰狼一定来了很久了，多亏了小白马，替他保护了羊群。他轻轻地抚摸着小白马汗湿的身子对它说："小白马呀！多亏你了。"

　　一年春天，草原上传来了消息说，王爷要在喇嘛庙举行赛马大会，因为王爷的女儿要选一个最好的骑手做她的丈夫，谁要得了头名，王爷就把女儿嫁给谁。苏和也听到了这个消息，邻近的朋友便鼓动他，让他骑着小白马去参加比赛。于是，苏和牵着心爱的小白马出发了。

　　赛马开始了，许多身强力壮的小伙子，扬起了皮鞭，纵马狂奔。到终点的时候，苏和的小白马跑到最前面。王爷下令："叫骑白马的上台来！"等苏和走上看台，王爷一看，跑第一名的原来是个穷牧民。他便绝口不提招亲的事，无理地说："我给你三个大元宝，把马给我留下，赶快回去吧！"

　　"我是来赛马的，不是来卖马的呀。"苏和一听王爷的话，顿时气恼起来。我能出卖小白马吗？他这样想着，不假思索地说出了那两句话。

"你一个穷牧民竟敢反抗王爷吗？来人哪，把这个贱骨头给我狠狠地打一顿。"不等王爷说完，打手们便动起手来。苏和被打得昏迷不醒，还被扔在看台底下。王爷夺去了小白马，威风凛凛地回府去了。

苏和被亲友们救回家去，在奶奶悉心照护下，休养了几天，身体渐渐恢复过来。一天晚上，苏和正要睡下，忽然听见门响。问了一声："谁？"但没有人回答。门还是砰砰地直响。奶奶推门一看："啊，原来是小白马！"这一声惊叫使苏和忙着跑了出来。他一看，果真是小白马回来了。可它身上中了七八支利箭，跑得汗水直流。苏和咬紧牙，忍住内心的痛楚，拔掉了小白马身上的箭。血从伤口处像喷泉一样流出来。小白马因伤势过重，第二天便死去了。

原来，王爷因为自己得到了一匹好马，非常高兴，便选了吉日良辰，摆了酒席，邀请亲友一起庆祝。他想在人前展示一下自己的好马，叫武士们把马牵过来，想表演一番。

王爷刚跨上马背，还没有坐稳，小白马猛地一蹿，便把他一头摔了下来。白马用力摆脱了粗绳，冲过人群飞跑而去。王爷爬起来大喊大叫："快捉住它，捉不住就射死它！"箭手们的箭像急雨一般飞向小白马。小白马虽然身上中了几箭，但还是跑回了家，死在它最亲爱的主人面前。

小白马的死，给苏和带来了更大的悲愤，他几夜不能入睡。一天夜里，苏和在梦里看见小白马活了。他抚摸它，它也靠近他的身旁，同时轻轻地对他说："主人，你若想让我永远不离开你，还能为你解除寂寞的话，那你就用我身上的筋骨做一只琴吧！"苏和醒来以后，就按照小白马的话，用它的骨头、筋和尾做成了一只琴。每当他拉起琴来，他就会想起对王爷的仇恨；每当他回忆起乘马疾驰时的兴奋心情，琴声就会变得更加美妙动听。从此，马头琴便成了草原上牧民的安慰，他们一听到这美妙的琴声，便会忘掉一天的疲劳。

成吉思汗西征的时候，大规模移民，将马头琴在内的蒙古文化传到了欧洲，俄罗斯也就有了马头琴，当地的人们也很喜欢这种乐器，直到今天。

望 娘 滩

    很久以前，灌县（现四川成都都江堰）有一对母子俩相依为命，母亲腿脚不便，又是个眼睛不太好的可怜人儿，只是在家做些力所能及的家务事。儿子名叫聂郎，十四五岁，却已懂事！

    儿子很孝顺，家里重活都是他做的，但是因为被当地恶霸欺负，家中的田地都被抢了去，为了能生活下去，聂郎只得上山割草卖，来供养母亲。生活虽艰苦，但勉强能活下去。

    聂郎很快就要无草可割了，他害怕一旦没有了草，他和母亲就不能过下去了。这时，他看见脚下一只大大的白兔溜过，聂郎看见兔子很高兴，因为有草的地方兔子才会去，于是聂郎赶紧追着兔子，很快就看见了兔子停留在不远处一丛茂盛的青草旁，正细细地咀嚼着。聂郎高兴坏了，赶忙跑上前去开始割草，那只兔子见了聂郎也不跑，继续在吃，聂郎很快就割满了草，这时神奇的事情发生了，只见那丛几乎被聂郎割完了的草丛，很快又长了起来，而且似乎更加茂盛了。聂郎十分地奇怪，于是他拨开草丛，只见一颗大红色的珠子在草丛中闪闪发亮，足足有聂郎的半个拳头大。

聂郎看着珠子，有了私心，他决定把宝珠带回家！聂郎怀揣着宝珠小心翼翼地回到家里，想要找个地方藏起来，最后没地方，他把珠子放在了仅剩下几斗米的米柜子里，然后就去卖草了。

等到第二天聂郎再次打开米柜，那所剩无几的米柜里竟生出满满一柜米来，聂郎见此，知道自己捡回了一个好宝贝。就这样，聂郎母子再也不用为了生计而担忧。

但是好景不长，这件事传到当地恶霸那里，恶霸便带人来抢宝珠。恶霸让聂郎交出宝贝，聂郎装傻充愣，恶霸见此，就用母亲威胁聂郎，聂郎从米柜去出宝珠，不等恶霸来抢就一口将宝珠吞进肚里。聂郎吞下宝珠后感觉自己口渴得难受，急忙跑到水缸旁，大口喝起来。很快水缸就见了底，聂郎还是觉得口渴，又马上跑到屋旁的小溪边继续大口喝着溪水，可是小溪的水也很快枯竭了，还是不解渴。聂郎就索性往岷江边上跑去，母亲见儿子痛苦地跑走，从恶霸手上挣脱开来，跌跌撞撞地向儿子追去，母亲追这聂郎，看见儿子伏在岷江边喝水，母亲跑过去拉住聂郎，怕他掉进岷江里，可是儿子突然间就从头开始变化，最后竟变成了一条活生生的巨龙。母亲抱住儿子还未变化的脚死死拽住。但此时怀中的聂郎轻松挣脱了母亲向江中游去。母亲在岸边不停地呼唤聂郎，聂郎变化的巨龙听见呼唤就回头看看母亲，母亲呼唤了聂郎二十四次，声嘶力竭，儿子回头望了母亲二十四次，直到看不见母亲。巨龙的每一次头，岷江里就留下一个河滩，总共形成了二十四个河滩，这就是老灌县望娘滩的来历。